美 從一杯茶開始

唐公子——著

中国大百科全书出版社

图书在版编目（CIP）数据

美从一杯茶开始 / 唐公子著. — 北京：中国大百科全书出版社, 2022.8

ISBN 978-7-5202-1177-2

Ⅰ. ①美… Ⅱ. ①唐… Ⅲ. ①茶文化—中国 Ⅳ. ①TS971.21

中国版本图书馆CIP数据核字（2022）第137259号

出 版 人 刘祚臣
策 划 人 曾 辉
责任编辑 王 廓 曹 来
责任印制 魏 婷
封面设计 三 喜
出版发行 中国大百科全书出版社
社　　址 北京阜成门北大街17号
邮政编码 100037
电　　话 010-88390969
网　　址 www.ecph.com.cn
印　　刷 中煤（北京）印务有限公司
开　　本 889毫米×1194毫米 1/32
印　　张 8.75
字　　数 150千字
印　　次 2023年1月第1版 2023年1月第1次印刷
书　　号 ISBN 978-7-5202-1177-2
定　　价 78.00元

目录

第一章 茶汤中的时间美学

第二章

茶汤中的空间美学

第三章 茶汤中的乘物美学

第四章

茶汤中的游心美学

自序

美，从一杯茶开始

美是一种缘分。

有句话说的真是曼妙：每个人的生命史就是他自己的作品。

对我来说，近十余年来的生命，是在一座座茶山、一张张茶席，以及一杯杯茶中度过的。

闪闪发光的高原，三步两步便是天堂。但其实，人并不知道自己生命的下一个路口在哪里。

熟悉我的朋友都曾经一度不解：这个曾经任职于全球顶尖

时尚杂志集团，整日沉浸于时尚与奢侈品领域的人，怎么突然转身走上了茶之路。

乍见之欢，久处不厌。十余年前，在武夷山的一个雨夜，于风雨飘摇的茶室中，饮下的那一杯大红袍，已经浸润进我身体的每一寸，以及灵魂的每一处。

十几年，走过的山路，喝过的茶，踏过的桥，淋过的雨，遇见的人，读过的书，用过的器……俯拾皆是美的风景，美的机缘，美的感动。

忘不了 2018 年受文化部之邀，前往德国柏林的中国文化中心讲中国茶，深夜在机场入关安检处，检察官例行公事，表情严肃地问我，您的行李箱里是什么？我说，是满满的茶道具。他又问，您来柏林做什么？我回答说，传播中国的茶文化。他的表情忽然变得极为友善放松："柏林欢迎您，唐先生！我也非常喜欢喝中国茶。"

中国茶美学的发展，到明代是另一座高峰。明代人推崇饮茶的最高境界是独饮，我却不敢独享这些美的感受，希望能用文字把它记录下来，以兹让更多的朋友阅读到、感受到那字里行间氤氲起伏的茶汤香气。

美是一种素养。

这些年，关于茶文化、茶美学的讲座做过无数场，北京、上海、深圳、武汉、咸宁、山东、黄山、京都、柏林、曼谷、首尔……接触的人越多，越在心里感叹，我们对中国茶美学的认识与了解何其少啊！身为中国茶美学的布道者、传播者，还有很长的路要走。

年初，受中央电视台 12 套《夕阳红》栏目邀请，录制了三期的茶文化节目，每次节目录制，配合不同的内容主题，我都在录制现场布置了精美的茶席，引来主持人和现场工作人员的阵阵惊呼：中国茶太美了！

忙忙碌碌的都市人，格外需要走进茶的美学天地。这方天地，可以不大，哪怕是阳台或者客厅的一角，一张小炕桌，两把椅子，一把紫砂壶，几只茶杯，一个花器，插上时令的植物，便可享受一杯好茶了。

这些，看似简单，具体布置起来，却是因人而异。信手拈来的表达，却是经年累月的美学累积。每一件器物，都是主人自性的流露，都是主人内在审美与外在阅历的体现。而且，不读书，无以美。

陆游有诗云："汝果欲学诗，工夫在诗外。"对于茶的美学，亦是如此。如果想要洞晓中国茶的美学，有大量的茶外工夫要做。文化、历史、地理、器物、古代生活、绘画、文学、博物馆，甚至考古。以饮茶的器物为例，粗略地，要了解唐代的茶碗、宋代的建盏、明代的瓷器，要了解每个历史时期的不同窑口窑址以及不同的美学特征。再以文学为例，常规的文学经典之外，与茶相关的唐宋元明清历代茶人茶诗，也值得花费时间与气力去研究……

花开未觉岁月深，一切美的表达，包括茶美学的表达，外表看起来，都是轻盈轻松，赏心悦目的。要做到真正的融会贯通、随机应变、学以致用，特别需要一个过程，绝不是现在市面上跟某某茶道老师学几节课就可以的。

苏轼说，"腹有诗书气自华"。美的素养，需要漫长的累积。然后在某一天，你可能会被缪斯女神眷顾，灵光闪过，你找到了属于自己的茶美学表达。

你成为了美学意义上的自己。

美是一种生活。

相当长的一段时期内，美与我们的生活是割裂的。

重新认识中国茶美学，也是在重新寻找真正属于中国人的生活方式。

中国人的理想生活是什么？古人已经用他们的生活方式，给我们做出了解读。唐代的白居易，在山泉边上，“坐酌泠泠水，看煎瑟瑟尘”；宋代的苏轼，在料峭春风中，“且将新火试新茶。诗酒趁年华”；明代文徵明“至味心难忘，闲情手自煎。地垆残雪后，禅榻晚风前”。

一盏茶中，有中国人的精神世界；一盏茶中，也有中国人的生活意境。茶中，有陶渊明的“采菊东篱下，悠然见南山”，也有他的“忽逢桃花林，夹岸数百步，中无杂树，芳草鲜美，落英缤纷”。

一方庭院，一张石桌，数竿修竹，几声鸟鸣，煎茶侯汤，茶烟袅袅升起，一盏茶，几乎就是一生的光阴。

周作人以精致生活而著称，他爱喝茶，曾说：“喝茶当于瓦屋纸窗之下，清泉绿茶，用素雅的陶瓷茶具，同二三人共饮，得半日之闲，可抵十年的尘梦。”

这本新书，也是我自《在一杯茶中安顿身心》一书出版以后的喝茶生活的记录。我不是一个勤奋的人，也不以鬻文为生，喝茶与写作，都显得格外散淡，甚至带着几分不合时宜的天真与任性。武夷山、云南、徽州、苏州、北京、上海、杭州、敦煌、景德镇、京都……是我这些年时常踏足的地方。大多数的时候，都是独自出行，像一个独行侠。喝茶的人，早就习惯了孤独。孤独是一种哲学意义上的体味。它深刻如经年的老茶，比如老普洱、老乌龙之类。

喝茶与旅行，几乎成为我过去几年的主要生活。即便在疫情期间，亦是如此。

这些年，身边聚集了一批热爱茶生活的朋友。人如茶，各得其妙，使我愿意花时间在他们身上，喝茶谈话，交流彼此对茶的认知。人是文化与美学的体现，如一句话所说，最美的是人，从他们身上，我享受到很多，也学习到很多。

一千多年前，唐代那个叫陆羽的孤儿写作了《茶经》，开启了中国人饮茶的美学时代，影响至今。费孝通先生言：“各美其美，美人之美，美美与共，天下大同。”这是人类文化生活的美，也是中国茶的美。

愿我们都能在一杯茶中，开始做一个懂得美、欣赏美的人，既各美其美，又美人之美。

第一章

茶汤中的时间美学

中国茶美学最大的特质，

是它的文人性。

去岁：安且吉兮安吉白

世事苍茫，

也不过一杯去岁安吉白的工夫。

安吉，名字源自《诗经》，“安且吉兮”，一个美好如斯的名字。这个名字，是汉代的汉灵帝所起，辉光，且笃定。一直沿用到今天。

从地理位置上看，安吉与长兴一样，同属湖州。

安吉的竹林之美，苍苍莽莽，漫山遍野，经由李安电影《卧虎藏龙》的画面传递，惊艳了全世界。

茶人心中的安吉，则是因为安吉的茶，安吉白。

安吉白，名字中带着一个“白”字，初识茶的人，会误以为是白茶，实则，安吉白是不折不扣的绿茶。

初到安吉，还是跟本色美术馆的茶人冰冰和汤敏一起，来安吉拜访“第一滴水”的钱老师。那时，钱老师经营着一家民宿，花园里满是百年以上的杜鹃花古树。早上起来，杜鹃花开得热烈，紫色、红色、白色，灿若云霞。

在钱老师的茶馆中，喝到了地道的安吉白，味道甘美鲜爽，至今记忆犹新。

此次安吉访茶，便直奔“第一滴水”而来，钱老师安排了花道课，便交代店长小顾招呼接待我们。与小顾同样相识于在长兴大唐贡茶院举行的中日韩三国茶会，彼时，他安心事茶的样子，深深打动了我。

先在“第一滴水”喝去岁的安吉白，滋味依旧鲜美无比。然后去茶山。曾经去过的那片茶山已经挪作他用，说起来颇为可惜。新的茶园位置当然也很好，临湖的山坡，茶树间亦是各种果树。尤其是几株杨梅树，更是遒劲有力，树冠如云。安吉白尚未到采摘时间，小顾便带我们参观茶园。行走山间，满目的绿色，空气中荡漾着花香气息。植被丰茂，如同一座山间植物园。

向晚时分，回望山里。陶渊明的《归园田居》里，有两句诗：“山气日夕佳，飞鸟相与还。”我不由感叹，眼前的景象正是

北京　云空间

“山气”啊！低徊留得无边在，又见飞鸟夕照中。

天色尚未暗淡，下山后去灵峰寺。

灵峰寺位于深山之间，也是一座建立于南北朝时期的寺庙。深山古刹，历代高僧辈出。目前的当家主持为慈满法师，后来知晓是毕业于复旦大学哲学系。惜乎时间匆忙，未得一见，只有留待他日。

山寺为茶园所环抱，游人既去，山寺寂静。僧舍旁，一株古老的梅花树，白墙黑瓦映衬下，分外明朗。暗想，修习佛法的僧人，推开窗户的刹那，突然看到这满树春天的梅花，心中该是何等感想呢？倒是想起一首唐代的禅诗，与梅花有关。诗曰：“尽日寻春不见春，芒鞋踏遍陇头云。归来笑拈梅花嗅，春在枝头已十分。”

旁边一座古塔，风吹过，檐铃叮当作响。一时，古寺的钟声亦敲响了。“钟声闻，烦恼轻，智慧长，菩提生。”钟声洪亮、绵长、浑厚、深沉，闭上眼睛，让自己沉入到当下的每一声钟声里。108 下钟声，象征人世间的 108 种烦恼。

再度睁开眼睛，仿佛已经身经百千世劫。

而世事苍茫，也不过一杯茶的工夫。

茶心通古今
宗渶

世味：山中无甲子，岁月不知年

不是逃离，
而是精进。

“白雪却嫌春色晚，故穿庭树作飞花。”

壬寅初春，连续十日，南方地区雨雪交加，北方不曾下过的暴雨和大雪，都下到了南方的山里。

一音师发来山里的照片：“唐公子，山间梅花开得正好，一场暴雪，更显空灵，欢迎前来赏梅烹茶。”

的确，这样的时候，愈加想去宣城的半山里，跟一音禅师喝一杯茶。

一音禅师，我习惯称他为“一音师”。两年疫情下来，跟一音师转眼又许久未见。只有在微信朋友圈里关注他的动向：春天，他养的兰草开花了；夏天，半山脚下的荷塘芙蓉出水来；秋天，漫山遍野的枫树叶子，榉树叶子，金黄一片，层林尽染，偶尔与绿意斑驳着；冬天，是梅花，山前山后，黄梅、红梅，悉数开来，在他的镜头下，灵动着，绽放着。

2015 年，我尚处于人生的游离期，对未来生活没有特别的规划，也没有所谓的紧迫感，完全是佛系活着。

这一年，受李玉刚老师之邀，为他策划并参与执行了《玉见之美》文化行走项目，数次与李老师沟通后，确定了此项目以文化行走为出发点，其中安徽的宣城泾县是我们行走中的一站。

白天在泾县完成了当天的采访与采风，晚上我们在下榻的酒店喝茶休息，李老师接到朋友的一个电话，邀请他去附近山里的禅院，拜见一位既通晓音律，又精通书法与绘画的修行者。

是夜，我们一行人驱车前往半山里，拜访隐居于此的一音禅师。

很难想象，在当下依然有这样的隐居者。他仿佛古代诗歌与画卷里的人物，生活在山间自己建造的房子里，每日莳花弄草，吟风弄月，吹箫抚琴，品茶作画。

初到山里，我感觉自己像是闯入了一个属于古代的梦境中。

清凉的山间，凉风习习，带着山间特有的草木气息。莫可名状的香气里，仿佛蕴含着山林的所有秘密。一边絮絮谈话，一边倾听山里溪水发出的潺湲流水声。内心深处仿佛被清洗过一样，不染尘埃了。

昏黄的灯光下，狗在门口趴着，安安静静，仿佛在谛听流水声，又仿佛在聆听禅师讲禅，讲绘画。山里的各种蛾子，在灯下飞来飞去。其中的一只，有着近乎妖冶的紫黑色翅膀。

“久在樊笼里，复得返自然。”陶渊明的诗句，原来表达的是这个意思啊！那一刻，我似乎开窍了，醍醐灌顶一般。

整个人像被催眠了。山野，兰草，偶尔的鸟鸣，流水声，窗边芭蕉叶高挑的影子，面前茶杯里浓酽的当地绿茶，仿佛都有一种魔力，对我施加着魔法。

那一次，我跟一音师交流得并不多。一直在倾听，感觉他的每一句话，每一个字眼儿，都充满一种自然流露的欢喜，以及一种深沉的谦逊。

再往后，跟一音师的交流也渐渐多了起来。各种机缘之下，

从左至右：曼生葫芦，杨昕制；汲直壶，邱玉林制；
圆珠壶，刘军华制；吴泾提梁，徐安碧制

后来又上了几次山，拜访一音师。

其中的一次，是和徽州的朋友拟见一起上山。一音师的禅院又有了许多变化，他此前曾经站在空落落的院子里，指向不同的山头方向，说到这里要建造茶室，那里要建造画室，另一个地方，则要建造可以休憩住宿的房间云云。

每一次上山，院子里都会有变化。一音师的每一个想法，都得到了落实。新的茶室、画室都已经建造完毕。山路的台阶，他也是精心设计，铺了石子，既美观，又防滑。小径旁也安了非常有设计感的太阳能地灯，晚上为访客照亮脚下的每一步路。

我们在新的茶室喝茶，一边拾阶而上，一边赞叹他的行动力。新的茶室在高处，玻璃窗外即是满目青山，树枝的枝桠几乎要伸进屋里来。一阵云雾过来，一阵云雾又飘过去。

山里雨水丰沛，喝茶谈话间，一阵雨又下了起来。一音师为我们泡了一壶老白茶，缓缓专注出汤。我们慢慢喝茶，他兀自取出自己的洞箫。悠扬的箫声，在雨中的山间起伏回落。

我们这些世间人，羡慕禅师所谓的出世生活。他却笑着说，所谓的出世入世，都是凭自己的一颗心。做世间人，并非是要在泥淖中打滚；做出世人，也并不是原地不动。两者，都需要一颗精进的心。没有勇猛精进的心，既做不好世间人，也做不好所谓的出世人。

“春有百花秋有月，夏有凉风冬有雪。若无闲事挂心头，便是人间好时节。”这是人间理想。生而为人，无论处在什么样的境况下，总会有这样或者那样的欲求和烦恼。如何冲破欲求和烦恼的捆绑束缚？如何实现更高阶段的人生目标？这才是人生需要不断修行不断精进的目的。

这些年来，我见证了一音师“无中生有”的生命艺术。他把原本是一座普通的山头，变成了自己的艺术与创作之山、修行之山，并影响了无数人。

绘画，念经，礼佛，建筑，读书，书法，饮茶，接待，安排施工，出版画册……接触愈多，便愈加发现，一音师的每一天，其实都是忙忙碌碌，并不比山下的人轻松多少。甚至可以说，他比很多山下的人都更努力，更勤奋，更有目标感。

风花雪月，琴棋书画，风雅空灵，这背后，是一音师日复一日的劳作换得。他在用自己的方式过自己想要的生活。

岁时：活在美的时光里

岁时有茶，岁时有花，
岁时有佳友。

朋友雅裕的故乡是绍兴，一个我心心念念尚不曾踏足的南方小城。历史上，它被叫做会稽郡、越州以及山阴。那里有王羲之行走的山阴道与聚会的兰亭，陆游驻足停留的青石板桥，有徐文长画葡萄的青藤书屋，有张岱的旧居快园……

这座老城本身，是一卷飘逸的书法，一幅笃定的古画，一瓶散发岁月沉香的老黄酒，一盏清香四溢的春茶。它到处都是触达中国人心灵的文化秘笈，一经开启，过往山河岁月既悄无声息，又惊天动地。

它亦有山、有河，春有野茶，秋有稻田，秋有桂花，冬有梅花。

2021 年秋天，雅裕回绍兴省亲，从家乡绍兴的山里给我寄来桂花花枝，头一天从视

频里看她请人买来山里桂花树上的花枝，第二天就加急送至远在京城的朋友手中。

颇有当年唐代贡茶“牡丹花笑金钿动，传奏吴兴紫笋来”的意思。

一打开巨大的包装盒，浓郁的桂花香，夹杂着江南南方特有的山野气息，扑面而来。

来自江南的桂花树枝，每一片叶子新鲜依旧，骤然出现在北方冷而干燥的空气里，香气显得格外轰轰烈烈。

不禁目瞪口呆。

择器插花。将它们插到三只不同的花器里。一只绿釉陶花器，放在茶席上，桂花作为应季的茶席插花，在这个晚秋时节，再合适不过。

北方出生的我，常年行走于南方的茶山茶区，日日浸淫于一盏茶汤中，早已视自己为精神上的南方人了。

是橘红色的丹桂。

前几日，雅裕还跟我们分享她的喜悦，她言自己离开家乡三十几年，终于第一次经历了桂花盛开凋零的整个过程，像一场轮回。这一次回绍兴，认真了解了桂花，总算分清金桂、银桂与丹桂了。

雅裕是我们亦师亦友的朋友。

她喜欢摄影，疫情之前，拿着莱卡相机每年都全世界飞来飞去，寻找摄影地。疫情之间，出国不那么方便，她便开启国内旅行，贵州、新疆、宁夏，边远地区，村村寨寨，山林沟壑，黄河渡口，捕捉光影的变换律动。

若生在古代，她应是类似董小宛或者李清照那般有才情的女子，或者是像《浮生六记》里的芸娘。懂生活，懂美，有才情。

都是愿意以美自渡的人。

她常回绍兴。某一年冬天，收到她从绍兴山里快递来的金黄色腊梅花枝，城市里偌大的茶室，因了这南方山里的腊梅，突然有了厚重的古意。

我将这花插在宋代的韩瓶中，放在茶席上，古朴的韩瓶与

腊梅花枝简直是绝配。我们就在这梅花枝头下喝茶，岩茶、老普洱、白毫银针。“我们”指的是，央视的吴卉导演以及新闻主播姚雪松兄长，以及雅裕。

就像古人般在花木林下。

我们一致的看法是，雅裕是我们朋友中最懂得生活美学的人。不讲美学的理论，她的生活就是那个样子，如实，如是，处处透露着美感。

她曾经按照古人的方子制作暗香汤。《遵生八笺》上说：“梅花将开时，清旦摘取半开花头连蒂，置磁瓶内，每一两重，用炒盐一两洒之，不可用手漉坏。以厚纸数重，密封置阴处。次年春夏取开，先置蜜少许于盏内，然后用花二三朵置于中，滚汤一泡，花头自开，如生可爱，冲茶香甚。”

她依照古方的要求，将梅花做好，放置在一小玻璃瓶内，送给我们喝。

一打开瓶塞，梅花的清幽之气已经转化陈郁，或者说已经是清幽与陈郁并存，暗香阵阵，破空而来。取几朵梅花，放置于茶盏中，用热水冲泡，梅花便徐徐在水中绽放开来。一如它在枝头般。

这暗香汤实在珍贵，一年一次，每次做出来，我们都舍不得喝，放在冰箱里，冷藏着。实在忍不住，会拿出来解馋，或者与朋友分享。

此番的桂花也是，桂花除了观赏，她还用最传统的方法，制作桂花糕。也拿桂花来泡酒。无论金桂银桂，都可泡酒，桂花酒甘甜醇绵，又有桂花清香。

“满城桂花凋谢的时候，我竟然在一棵桂花树上发现了刚刚盛开的一枝桂花，仿佛悄无声息地为我独自盛开……”雅裕说。

曾经收到她酿制的桂花酒，是以金桂丹桂酿制，厚厚的一层桂花，飘荡着。酒体已经变成了浅浅的金黄色。轻轻摇晃，无数的桂花便在眼前飞舞。

有这样的朋友，实在是人生的一大福气。

雅裕是极热爱生活的人，像她这样爱生活爱美的人，在我所有的朋友中，我还没有遇见第二个。

她的家里永远是生机勃勃的，一种带着美感的人间烟火气。四季茶时，亦是四季花时。牡丹、芍药、海棠、荷花、菊花、梅花……从不间断。

家里养狗，也养兰花；写字，画国画，研究美食，当然还有喝茶。茶席上摆着明代紫砂壶、釉里红的柴烧主人杯，还有青花的梅花茶杯。

我们吃她自制的醉蟹，喝一点小酒，看她养的兰花，那只名叫小王子的狗在脚边走来走去。

喝她收藏的白茶，以及老普洱茶。她送我的两款老茶——80 年代的老佛手岩茶以及 1957 年的女儿茶，我一直珍藏着，不舍得喝。

有一次我们用她收集的春日雨水节气里接的雨水泡茶，她把雨水贮存在一只缸里，放在郊区。《红楼梦》“栊翠庵茶品梅花雪”一节中，妙玉招待林黛玉和贾宝玉吃茶，用的便是收藏五年的雪水。薛宝钗制作冷香丸，是以雨水作为药引子。中医说，立春雨水是春天阳气生发降临，可以弥补中气之不足。

雅裕是那种对美有一种强烈感知的人。一段时间，我和一只猫住在故宫角楼旁边的四合院里，她和吴卉导演常去喝茶，对着小院子一番感叹。

邀她为我的新书画插图，她立刻应允。不几日，便画了几幅画作传给我看。佛陀头像、日式花瓶、民国香炉里的灵芝，在她的画笔下，我的日常生活场景一一浮现。她的画，用色简单，却自有一种活泼的感觉。

雅裕也信佛，家里的供桌上，供养了观世音菩萨。玉石雕就，慈悲垂目。供桌上永远有鲜花和水果。

经历世情辗转的人，愈加知道人生的荒凉、虚幻与谬误，却愈加珍惜此生，热情投入生活，投入这虚无。

于是回归个体，回归到生命最值得信赖的情感与深意。

雅裕便是如此的一个人，活在美的时光里。

四季：碧桃花下感流年

四季轮回，

那就是茶与生活本身。

四月北京的天气，变幻莫测。丁香、玉兰、海棠、桃花、梨花……仿佛一夜之间，花动京城。

下午时分，骑单车从后现代城出发，行至大望路。再从大望路，沿着通惠河北岸，一路向西，去往国贸方向。这条路，走过无数遍。但是，似乎从未觉得它像今天这般美。前几日，和朋友沁沁约了去白云观赏玉兰，再去法源寺看丁香。无奈正赶上雾霾天，只好打消了外出的念头。

是日铅灰色的天空略略阴沉，空气里带着湿润的意味，但令人神清气爽，如同置身春天的江南。道路两旁的花树，已经开得如此明艳。玉兰花已经渐呈颓势，高挑的树身，红色的花瓣，颜色变得浅淡。纷纷扬扬，花瓣落一地。百子湾路上，易构空间楼下的几株桃树，桃花红硕，灼灼其华。有的枝条桃花绽放，有的枝条依旧满是含苞待放的花骨朵。饱满，充实，努力绽开来，仿佛对这个世界有着跃跃欲试的冲动。

那桃树真大，枝丫旁逸斜出。路边车辆、行人都是匆匆而过，仿佛它们只为我而存在。想起古人那些关于桃花的诗句："江上人家桃树枝，春寒细雨出疏篱。"又或者是，"二月春归风雨天，碧桃花下感流年"。文人爱感伤，动辄"花溅泪，鸟惊心"，或者"是寂寞帘栊空月痕"。境随心转，想想去岁的自己，似乎也是如此。但是今年春天，心境大为不同，生命视野变得较为开阔，尽管也是遇到了许多层出不穷的问题，但是已经学会用一颗随缘自适的心来看待世间万象。心中涌起的，常常是欢喜。

唐代元稹的那首桃花诗也真是美："桃花浅深处，似匀深浅妆。春风助肠断，吹落白衣裳。"尤其"春风助肠断，吹落白衣裳"两句，如前几日刚看的侯孝贤电影《刺客聂隐娘》中的长镜头一般，实在妙不可言。不过，元稹还有更为惊人的桃花诗句："千树桃花万年药，不知何事忆人间。"细细想来，这两句诗，写得才叫一个惊心动魄啊！王家卫的电影《东邪西毒》中，欧阳峰说："故乡白驼山的桃花又开了……"行走江湖已久，突然想起故乡的人间花事。也是令人有些怅惘。

前年曾经同几个朋友去往安徽皖南的查济古镇，拜访那里的一位修行人一音禅师。行经著名的桃花潭。桃花潭，就是李白写下“李白乘舟将欲行，忽闻岸上踏歌声。桃花潭水深千尺，不及汪伦送我情”的地方。千里桃花，万家酒楼，那是汪伦写给李白的书信里描述的桃花潭情景。我们经过桃花潭时，花事早已过。于是和当地朋友相约，来年，在桃花盛开的时节，在桃花树下，做一场桃花茶会。

终究诸事多变，未能成行。这个念想，心中却一直保留着。

不觉间，风乍起。带着一股清冷的寒意。也正好走到一树高高的海棠树下。北京电影学院老故事酒吧的门两侧，各有一株西府海棠。几年前，还在做杂志的时候，和朋友上青去过几次。花开时节，坐在院子里喝咖啡，印象深刻。那个时候，对茶尚完全没有任何研究，只喝咖啡，或者是苏打水。

前几日，和皇锦的雪梅姐喝茶，她说起故宫里也有几棵当年慈禧太后种下的西府海棠，也是值得一看。于是约了海棠开的时候去看花，顺便在宫里喝茶。

今日，却正赶上了这路边海棠的盛开。如若拥有一颗诗意的心，哪里看到的花都是一样吧。就像张若虚写的，“何处春江无月明”。抛开看花的分别心，花还是花，没有因为是在宫中，或者是在路边，而有本质的不同。

这也是我今年心态的转变，对于一些事情，不再那么执拗。人生，哪有那么多的必须和一定呢！看淡，放松，尽可能让自己安住当下，也是不断喝茶带来的真正体悟。遇到了路边的花，那就随缘，抱着一颗欣赏的心来观赏它们。

何况，这几树的海棠，在北方的阴天里，显得格外寂静清美。站在花树下抬头看，它是繁盛的，浅粉色的花，铺天盖地地开，却又是沉静的，只在冷风里飘摇。有一阵风，瞬间，天空飘起了雪花。雪花稀稀疏疏的，更多的是雪粒子。一颗一颗，砸在我身上，也砸在这一树一树的海棠花上。

这是怎样的奇观啊！仲春北京，四月飞雪。想起白居易有句，“雪月花时最忆君”。

何其深情，何其浪漫。这个“君”，我宁愿一厢情愿地认为是元稹。写下“千树桃花万年药，不知何事忆人间”的元稹，也是写下“曾经沧海难为水，除却巫山不是云。取次花丛懒回顾，半缘修道半缘君”的那个元稹。与现实的始乱终弃不同，诗歌里的他，是如此深情款款的男子。

这不影响他成为白居易最好的朋友，没有之一。在中唐时

武夷山　一得茶室

期的文学史上，因为二人共同发起了“新乐府运动”，而被后世并称为“元白”。文学创作上，二人齐头并进，不分伯仲。生活中更是视彼此为知己，惺惺相惜，时时写诗唱和，传情达意，几乎创下历史上文人唱和诗作之最。

与现代人不同，中国的古人，真的是全然生活在自然中。风花雪月，花前月下，青山绿水，四季轮回，那就是他们的生活本身。所以，雪，月，花，雨，风……这些常见的自然元素，亦成为诗人们笔下常见的意象。

由是，“春有百花秋有月，夏有凉风冬有雪”，富有禅机的宋代禅语，昭示的也是四季的轮回之美。

一瞬：擦肩而过献茶祭

“一瞬”二字，
仿佛飘零的花瓣。

10 月份。暗夜中的日本。从关西机场乘坐大巴车直奔京都。

透过车窗，看到高速路上车流中驶过另一辆大巴车，写有上野、千叶的字样。心中怅然。那是夜色中的城市，乡村，海洋，河流。

出发，有时比自己想象的能走得更遥远。

临行前，去到翔吾君的寓所暂别。30 楼的公寓酒店。对于我只身前往他所在的国度，他开心之余，又有些担心。“毕竟是一个人的旅行，还是要注意安全啊！”他一边喝咖啡，一边用电脑帮我在谷歌地图上搜索路线，确定我在京都的住处——京都东山区日吉町，鸭川边。

翔吾君的家在濑户内海岸，他在海边长大，小时候就常常跟着父亲去海边钓鱼。他的家乡，佛教气氛浓郁，山上有空海大师建造的寺院。每年都有许多人转山祈福。他在东京念大学，喜欢中国文化而去了台湾，待了四年后，又来到了北京。

对于茶和寺院的喜爱，让我们一见如故。

“你的旅馆就在鸭川边上，喏，你看这里，从京都站出来，需要向右手方向直行，过一个十字路口，继续往右手方向走……有一条巷子……”他指着电脑地图告诉我。

我一脸茫然。他叹了一口气，“我还是帮你把地址写下来吧！这样如果你问路的话，也可以方便一些。”

他在一张纸上写下旅馆地址，塞到我手里。这张纸条，帮了我大忙。

午夜的京都。京都塔在黑夜中有红色光芒。商场依旧灯火辉煌煌。地下铁已经关了。穿过有些空荡荡的京都地铁站，路灯亮着，路边街角的小酒馆里，人们在喝酒、吃烤肉。

七条河原町。穿过鸭川上的大桥，路过麦当劳店，以及一家名叫“一瞬”的餐厅。“一瞬，自然酒菜”——白底黑字的招

牌上这么写着。尤其是“一瞬”二字，仿佛飘零的花瓣。

终于到达那家名叫鸭东的旅馆。旅馆在巷子的头上，对面是一棵桂花树。夜里散发出的香气，格外清晰分明。

这样素朴安静的京都。榻榻米上，枕着鸭川的河水，一夜无梦。

白天，走在京都的街巷，心里无由欢喜。10 月份，京都进入雨季。铅灰色的天空，每天都阴郁着，仿佛中国的江南。只是一座普通的城市，毫不喧嚣。一切都是美得恰到好处，如同美人一般，但并不恃美而骄，甚至，对于自己的美，仿佛不自知。

白衫黑裤的少年人，背着书包，面庞生动，彼此谈话，亦是低声的。这样的生动画面，对照着几分陈旧，几分寂寥，也足够安静的街景。走在湿润的巷子里，寻常人家的屋舍门口，挂着一道或青或紫的布帘，挂着纸灯笼，也是有古意的，觉得亲切。

学校，建筑物，药店，超市，路边的神社，到处是旧时光的积淀，却是干干净净的。让人面对它时，不由得心怀一份郑重。

搭乘JR线去伏见稻荷神社。在JR线上，看到一路的站牌：东福寺、稻荷、藤森、桃山、木幡、黄蘗，以及宇治。天空下着雨，空气微凉。撑了雨伞，走在神社石板台阶上。向上走，绿意森然，沿途都是古老的石灯笼。石灯笼上，已经是青苔遍布了。

旁边的告示写着10月份的祭事，其中，24日的上午10点，有里千家的献茶祭，可惜这次赶不上了。

从山上下来，进到旁边的一座庭院喝杯茶。是一座古老的庭院，房子完全是木质结构的。面积并不大，但是曲折回环，意味无穷。黑褐色细密竹帘向上卷起，透过宽大的落地玻璃窗，可以看到茶亭露地。茶庭里铺着黑色的石子，这里有假山、枫树、蕨类植物、石灯笼、洗手钵。枫树，叶子正在变黄。茶端了过来，放在我面前。黑色的茶碗里，是绿色的茶汤。配了一只粉色的樱花和果子。

茶汤微苦，和果子又未免太甜腻了。索性放下茶碗，感受这份静谧。黑瓦低檐，白纸的窗户。雨细细密密，继续下着。

这样安静的所在啊！

在一个晚上，去了京都的花见小路。花见小路热闹多了。

街道上云集了来自世界各地的游客。清一色的石板路，在雨夜里，泛着微光。那些明治时期的木房子，笼罩在夜雨中。这里几乎全都是日料店，有木栅栏门、醒目的红色灯笼和布帘，写着店名——松八重、津田楼、小田本。穿着艳丽和服的女子，露着白皙的脖子，踩着木屐，在街角走过，转眼，又不见了，如同惊鸿一瞥。

雨中，清冷的街灯下，那些影射出来的光，格外温暖。

墙上贴着一幅招贴画，是草间弥生的展览。就在祇园甲部歌舞练场内的八坂俱乐部内，距此不远。

收到翔吾君的微信："第一次到京都感觉如何？""非常喜欢呢。""慢慢享受日本的唐代啊！（一个笑脸的表情）京都现在冷吗？""17℃，一直在下雨。""我在日本出生长大，即便回到日本也无法体验你作为一个中国人对于京都的感受。希望你能享受在京都的每一个当下。你喜欢茶，记得去寺町通的茶店看一下。""好的，对了，什么是月次祭啊？""月次祭就是每个月都要举行的祭祀活动。"

进到一家店里，点了天妇罗大虾、海带汤、米饭以及一份小菜。低矮的木桌子上，食器盛放在漆盘里，感觉到一份心意珍重。

二年坂
ninenzaka
甘味
Japanese sweets
喫茶
coffee
すみっこ
sumikko
二寧坂
甘味処
すみっこ

又从花见小路折返，走过一家书店，看书，买了一本关于京都茶庭的书，如获至宝。走到了祇园。晚上的祇园，游客稀疏，有另外一种疏离清寂的美感。朱红色的色调，在暗中亦是醒目。从祇园神社的山门向外看，仿佛俯瞰尘寰。神社内，灯笼密布着。远看，如同黑夜海面上的轮渡。每一盏灯，都是敬奉的献祭。每一盏灯笼上，都书写着献祭者的名字——花梁、宝穗、柳笑会、豆千佳。繁体的毛笔字，笔画繁复，深沉持重。

京都于我，一见如故。几天相处，已经像一位故人。夜晚，躺在客栈的榻榻米上，已经又开始期待明天继续去寺院体验日本抹茶了。

本篇配图：好友王锐光镜头下的京都春色

轮回：落花寻僧去

生老病死，轮回过幻，
一切抵不过时间二字。

台湾作家李敖有一本小说，名叫《北京法源寺》。也许是缘分未到，这本书一直不曾读过。

法源寺却是去过几次的。尤其是早些年，父亲的猝然离世，给我极其沉重的打击。山月不知心里事。内心悲凉愁苦，却极少向外人提及此事。总是沉默，话语很少，一个人待着时，便会默默掉眼泪。那时，是我刚到北京的第四个年头，也才刚刚 30 岁出头。受情绪的影响，原本顺畅的职业生涯也一落千丈。内心时常涌现孤独无依、无常幻灭的悲哀与空寂。

时常去寺院礼佛。牛街附近的法源寺和国子监旁的雍和宫是我常去的寺院。对于礼佛的规矩，实际上不是很懂得。但是，每每去到寺院，当缕缕香烟飘起，寺院独有的烟火气，寺院的寂静感，僧人的或青或黄的衣衫，于我的心里都是一种慰藉。每一次匍匐拜倒在慈悲的佛像面前，总是泪流不止。心中似乎有所依止。

生老病死，轮回过幻，本身即是客观的存在。但是，或许那几年我对父亲离开的执念太深太重，智慧不够，甚至是智慧缺乏。他的离开，始终是我内心深处最浓重的一道阴影。如相传是六世达赖仓央嘉措写下的诗句："佛光闪闪的高原，三步两步便是天堂，很多人却心事重重，而迈不开脚步。"是啊，终究，世间事，除了生死，哪一件是大事。没有一件事情，能超越生死。

"青鸟不传云外信，丁香空结雨中愁。"这几年，年岁稍长，阅世愈深，看到了也经历了更多的生生死死。其间，自己也不断修习佛法，明白了因果与无常的道理，对于父亲的死亡，心里已经可以接受，略略有些释怀。

每年去寺院的习惯，一直保留了下来。过度的悲伤让人看不清事实。从黑暗的悲伤中醒来，便看到了生命的另一面。

原来，寺院中，不仅仅有佛像，有香火，有僧人，有善男信女，寺院里还有花啊。潭柘寺和白云观的玉兰，龙泉寺的银杏，以及法源寺的丁香。香烟袅袅，繁花盛开，昭示着我们生命的短暂、无常与美好。

春未尽。在清明过后的第二天下午，我独自一人乘坐 7 号线地铁去法源寺看丁香。出了地铁，经过绍兴会馆、浏阳会馆，转弯，经过天景胡同、烂缦胡同、七井胡同，这里，依然有某种古意存在。

进到寺院，赏花礼佛的人已经是人头攒动。2020 年春天，来法源寺礼佛赏花，正值花开得最盛。紫色丁香，白色丁香，一树树，一丛丛。寺院的檐廊、窗户、院墙、宝殿、僧舍、石阶、木椅，处处花影浮动，影影绰绰。整个寺院，暗香浮动，如同宝马香车之轮碾过。

这次来法源寺，丁香花事高潮已过，花开到了尾声。花色暗淡，且倾颓，不及去岁来的时候花事盛大。前几日，一场突如其来的雨雪，温度骤降，更是加剧了它的衰败。

花事将了而未了，似乎蕴含着更为深刻的奥义。这就是生命啊！似乎只有看到这些花，看到花的盛开与凋零，我们才感受到了时间的流转。我们也再一次被提醒，每年，花真的只开一季。你观赏它，它存在；不观赏它，它也存在。它只依照自然的时令法则而运行，不以个人的好恶为参照。

人生不满百，常怀千岁忧。仿佛只有伫立在这明艳的花树下，才明白了古人为何有秉烛夜游的行为做派。只因为时光太短暂啊！匆匆太匆匆，林花谢了春红。

末几，檐廊下，寺院的钟声响起，清越，绵长。声音响彻整个寺院。是一位青色衣衫的僧人站在廊下，敲打着青铜质地的钟磬。他眉目清秀，肃穆的神色，显示出内心的庄严。

想起一位师父曾经说的话："钟声闻，烦恼轻，智慧长，菩提生，离地狱，出火坑，愿成佛，度众生。"原来，这就是刻在佛钟上的铭文啊！

闭上眼睛，凝神谛听。钟声响了整整108下。这108下钟声，象征着人世间一年的轮回，12个月，24节气，以及72候。这108下钟声，也象征着生而为人的108种烦恼。钟声响起，烦恼扫尽。

天色渐暮，游人纷纷离开，人渐渐稀少。寺院回归到它本来寂静的样貌。一种更为清明与微妙的气息在寺院升起流转，一如它在一千多年前的唐代初建时的样子。花香阵阵，似乎也变得愈加分明。

僧人们做完功课，也纷纷出来赏花了。黄色的衲衣，青色的衲衣，在白色紫色的花影间闪动。

有时候，我们都要忘了，僧人，也是有情众生啊！黄色的僧鞋踏在落花的台阶上，小心翼翼，似乎怕踩到那些已经凋零的花瓣。

一只流浪猫出现了，接着，是另外两只。它们开始在寺院里的檐廊下逡巡。一位着青色衣衫的僧人从里面的院子走出来，脖子上挂着一个相机。他蹲下身去，去拍那几只猫。脸上带着明朗的笑意。

原来总以为僧人只会念枯燥的经书，打坐，一卷经书一盏灯，不食人间烟火。现在才发现，原来，僧人们也是热爱生活、享受生活的人啊！

厦门　墨问海边茶室

前世：无数心花发桃李

“净渌水上，虚白光中，
一睹其相，万缘皆空。”

公元366年，也就是前秦建元二年，距今1600多年，一位名叫乐尊的僧人途径莫高窟，他看到荒凉的山上，忽然金光闪闪，如同万佛浮现，于是俯下身来下拜，并在岩壁上开凿了第一个洞窟。

这是历史记载敦煌莫高窟的最早来历。

大漠、孤烟、落日、长河、驼铃、胡骑、唐诗、边塞、佛像、石窟、飞天……

这些名词，构成了我脑海中的敦煌。或者说，这是我自己构建的敦煌。

敦煌于我，是一种近乎执念般的存在。

那是前世。

于是有了近乎一年一度的踏访，一期一会的相见。你见或不见我，我都在这里。那就去见吧！

有时候独行，只身前往。有时候与朋友一起。最多的一次是七八个人，其中有著名音乐人朱哲琴老师、知音堂堂主王光明兄长、琵琶演奏家方锦龙老师等，那个时候方锦龙老师还没有火起来，颇有沧海遗珠之感。

在玉门关，烈日当空，方锦龙老师说："唐公子，帮我拍几张照片吧。"他一袭白衣，梳一个时髦的发型，怀抱一把乐器——应该是琵琶，闭上眼睛，兀自沉浸在自己的音乐世界里。

那个时候，这个天生的乐者，还在寻找自己人生的舞台。这次敦煌探访，对他后来的人生之路一定起到了某些加持的作用。

敦煌文化研究院的李萍主任带我们看一些特窟。李主任早年曾经留学日本，学成归来，一直留在敦煌文化研究院工作。她的身上有那种西北人特有的厚重、大气、质朴与良善。到现在，我们依旧保持着非常好的朋友关系。

她数次邀请我前往敦煌举办茶会及茶文化交流事宜，疫情反复，加之我时间安排的密集，终究没有成行。

敦煌榆林窟第 2 窟《水月观音》

敦煌研究院美术研究所画家牛玉生临品

敦煌榆林窟第 3 窟《文殊经变图》

敦煌研究院美术研究所画家牛玉生临品

白居易《画水月菩萨赞》里写道：“净渌水上，虚白光中，一睹其相，万缘皆空。”

敦煌于我，是一个情结。这情结缘何而来，在我自己的精神谱系中为何又占了很大的比重？我自己也好奇这一点。是对艺术的追求？对异域的向往？对信仰世界的探寻？好像都有一点，又好像都不是。

敦煌征服我的，大抵是它隐藏在时间里的美学。

那些洞窟，无论是莫高窟、西千佛洞，还是榆林窟，那些我数次踏足的地方，打开任何一座洞窟，进到黑暗中，看到在黑暗中闪光的颜色、面庞、衣带，你清楚他们已经在这黑暗中生活了 1000 多年，没有大的意外与破坏，他们亦将继续生活下去。

元代、唐宋、明清……佛、菩萨、弟子、天王、力士……时间与空间相糅合，壁画与塑像相交错。当一个人站在石窟里，你的大脑几乎是失去思考的，多大的缘分，让你一个人能够如此安静地与一尊千年前的佛像共处。你感受它的造型、颜色、气息，外面是西北夏天炽热的高温，这里面却是阴凉，让人的心沉静。

这些古老的灵魂，见证了多少兴亡，洞晓过多少秘密，倾听过多少善男信女的喃喃低语，多少金戈铁马，欲罢还休，都在这时间的长河中流淌过去了。

我们要做的，只是把自己修炼成美的一部分，然后交给时间，全然信任，毫无保留，随它流淌，直到下一个生命驿站或者渡口。任何古老的创作都是如此，写作、绘画、书法以及雕刻。

让自身成为美，与时间融为一体。

无数次，我想携带一壶茶前往敦煌，甚至不用布置茶席，在洞窟内，在那个近乎神圣的美学所在，任何的举止都是多余的，造作的，神什么把戏没见过。不如干脆只交付一杯茶。

如果可以，那么，我将携带什么茶才配得上这对美的献祭与礼赞？天真如少年少女的绿茶？清水出芙蓉般不加藻饰的白茶？或是香高韵足的乌龙茶？珠圆玉润的红茶？深沉厚重的黑茶？

每一款茶都适合它，每一款茶又都不足以表达它。细想来，即便是经年陈茶，无论老乌龙还是老普洱，都抵不上它的历史沧桑感。

某一日，突然看到苏东坡的诗句："浮空眼缬散云霞，无数心花发桃李。"老眼昏花，看景物都模糊了，但是心中有无数朵的桃花李花争先恐后地开放啊！

我为何还要纠结于带哪一种茶呢？

母亲：吾年向老世味薄

那时，母亲也才十几岁。她对生活与美的领悟，完全来自于自身的禀赋。

父亲过世后，我们便张罗着要为母亲换个房子。最好是一楼，带个院子。母亲可以莳花弄草，养狗养猫，颐养天年。

几年前看过一个带院子的一楼，但是母亲没有看中那个位置。对那座房子挑拣毛病。我们倒是觉得不错，但是房子毕竟是她住，她如果不满意，买了也没有意义。

后来才知道，她是嫌弃原来的房主死于某种恶疾，不吉利。难怪，母亲本不是吹毛求疵的人。

终究吾年向老世味薄。近几年，她的腿脚日渐不利索，上下楼都要变成问题。换房子刻不容缓。各路亲友一番打探后，终于在大哥家的附近找到一座合适的房子。面积不大，两室一厅，一个人住已经是绰绰有余。

重新装修设计后，又晾了大半年去味。母亲笑自己越来越惜命。2018年五月初一，她终于把家搬了过去。是嫂子特意找人看的吉利日子。

下午，好朋友建伟贤伉俪特意开车过来，送了一大盆绿植。

晚上，除了弟弟之外的一大家人到常去的餐厅吃饭，庆贺母亲的乔迁之喜。点了一桌的菜，银鱼鸡蛋汤、鱼香肉丝、锅贴鱼饼子、豆腐青菜羹。

母亲有些劳累，但是兴致很好，甚至还陪我们喝了一杯新疆的乌苏啤酒。喝完第一口，她皱眉头说，味道太冲了。

吃完饭，打车回家。刚刚坐定，便哗哗下起雨来。

“好雨啊！”母亲喜滋滋地说。“是啊！天公作美。”我们连连附和。

按照母亲的要求，院子里铺了青砖。进门的左手边，特意留出了空地，作为种花种菜之用。墙角处，计划种几竿竹子。宁可食无肉，不可居无竹。苏东坡说的。树也是要种一棵的，我倾向于种一棵玉兰，或者是海棠。母亲则觉得还是种无花果

树或者石榴合适。

玉兰有金玉满堂之意，石榴则是寓意多籽多福。

施工的时候，让工人直接打掉了客厅的阳台窗户。落地的玻璃门窗，通透敞亮，阳光可以直接射入室内。院子景象也一览无余。

听雨最是适合。

立夏第一天，院子里正唰唰地下着雨。空气清凉。母亲、大哥、我，三人在客厅里絮絮说话。我泡茶。客厅里开着暖光灯，给白墙涂上一层昏黄的暖意。突然意识到，习茶这么多年来，似乎没有认真给家人泡过茶。真是惭愧。

大哥端着茶杯，坐在最靠近落地玻璃门的地方。“我喜欢听雨。”他呷了一口茶说。这是我所不知道的，不觉有点意外。平日里，他是嫂子的丈夫，是两个已经上高中的侄子的父亲。他每天忙碌于工作和家庭，干粗重的活儿。弟弟念到博士，算是书读得最多。我也念完大学。大哥则是我们兄弟三人中读书最少的，勉强念完高中就参加工作，年轻时性格顽劣，脾气暴躁，没少给家里惹麻烦。结婚后，心性终于有所改变。

落地白纱窗外，雨继续唰唰地下。客厅的电视柜上，放了一只梅瓶，是艺术家陈琴老师制作的，上面烧的是釉里红的梅枝图案。窗台上放了一只民国时期的黑檀木插屏，老黄杨木雕的赵公元帅手执如意，身旁跟着一位童子。

这是什么茶？母亲问我。白茶，福建福鼎的白茶。我几乎觉得自己因为羞愧而脸色发烫了。

由于是刚搬了新家，怕母亲不适应，我便索性推迟了返京的日期，多陪她几日。

在家也无事。她收拾自己的衣服、帽子、鞋子，还有堆成小山的零碎布条。

我皱眉头，这些不如扔了算了，多占地方。她瞪我一眼。我便不再多说什么。经历过穷苦日子的那一代人，对什么都视若珍宝。

她有些咳嗽，咳黄痰，有些上火。毕竟，搬家、收拾东西，诸多琐碎，到底还是要操心的。某一天，我又在餐桌上布了茶席，用紫砂壶泡了五年的老白茶给她喝，茶汤倒在那只清代的紫金釉里。老白茶消炎作用明显，连续喝了几杯，她的咳嗽便停了。

我换了一把壶，在客厅继续泡茶。换了一款岩茶，用明德化的杯子喝茶。读苏东坡的《寒食帖》。

早上醒得早。雨后的阳光透明。洗漱后，在院子里铺了一块瑜伽垫子，赤脚在垫子上做做拉伸。院子开阔，阳光把影子拉得很长。花盆里的植物绿意盎然。有翠竹、金色小雏菊，还有蟹爪兰开出粉红的花。那盆叫墨兰的植物其实徒有其名。还有一盆虎皮兰，和兰花没有任何的相似之处。优点是皮实，好养活。十天半月浇一次水即可。

越来越感觉人生的无常。身为人子，时念亲恩，对母亲亦是越来越牵挂。前几天从徽州返京，旋即又回山东看望母亲。她的精神很好，脸色红润，饮食起居亦是正常，对于小院的生活十分满意。“我常常想啊，现在要是能再年轻个十几岁多好。”她感叹说。

她不喜养猫猫狗狗。这次，我便和大哥大嫂去买了鹦鹉，挂在院子里，也算有个生气。两只虎皮鹦鹉，黄绿色相间的毛色。母亲看了便觉欢喜。又从邻居家里移植了一丛竹子，种在墙角处。心心念念要种竹子，终于愿望得偿。忽又觉得，竹子旁边放一座假山石最佳。

嫂子和大哥已经在院子里种植了许多菜。萝卜苗、辣椒、西红柿、茄子、小葱，亦是长得郁郁青青。有时，母亲便自己从小院里抓一把萝卜苗，用清水洗洗，蘸豆瓣酱吃。

除了竹子和蔬菜，虎皮兰、已经奄奄一息的吊兰、仙人掌、海棠，在浇灌了雨水后，忽而全都争先恐后地活，绿意葱茏。

“上次东营下大雨，我就坐在这阳台上，看雨，听雨，觉得好像以前在乡下的老家一样。”母亲感叹说。母亲几乎没读过书，身为家中长女，在他的父亲，也就是我未曾谋面的亲姥爷过世以后，便承担起了家里的生活重担。那时，母亲才十几岁。她对生活与美的领悟，完全来自于自身的禀赋。

她曾多次谈起她的父亲——县长的秘书，吹拉弹唱，样样精通，写得一手好看的毛笔字。姥爷在一次受寒后，死于肺炎。那个时候，肺炎属于不治之症。

母亲至今犹为自己没能读书而遗憾。似乎是为了弥补母亲的缺憾而生，我是一个嗜书如命的人。一直觉得人生最大的乐事，无非读书。

夏至这一天，北京气温急剧飙升。我在伏案写作，母亲打来电话，叮嘱我注意防暑，又向我一一告知植物的生长状况，竹子的叶子早上打了卷，现在又舒展了。早上忘了把鹦鹉笼子提到树荫下，它们在太阳底下显得很焦虑，一到了树荫底下就立刻欢叫不已了。

如此闲话。

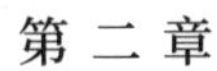

第二章

茶汤中的空间美学

土地庙依旧在巷子口，

古老的书院依旧在。

这里，是理想的居住之所在。

远方：茶里不知身是客

那一刻，居然很想在此停留下来，
一晌贪欢。

如果有可能，尽量在年轻些的时候出远门，去看看这个世界。

喜欢东南亚的几个国家，越南、老挝、柬埔寨，抑或是泰国。

喜欢这些国家，如同生命中曾经拥有过它们，经历过它们。这一世的遇见，不过是轮回中的相逢。

每次去到这些国家，站在异乡的街头，看到霓虹灯、车流与人影，总是升起一阵一阵的感动。那份感动究竟来自于哪里，有时候，我自己也难以描摹清楚。是读到一句诗句般的感动，是看到一部电影时的感动，也是与爱人呢喃，耳鬓厮磨时的感动。

我们都在生活着。无论故乡异乡，无论

岭秀红百年茶铺　试茶

此岸彼岸。

第一次去越南，一待就是15天。感觉是中了杜拉斯小说的毒，那部《情人》，念大学的时候，就反复看，书页磨损，直至起皱。然后又买了电影的光盘，在学校的宿舍里，用电脑播放着，看风华正茂的梁家辉和珍，反反复复。看他们在越南，如何遇见，如何相爱，如何别离。雨天的夜里，北方秋日的雨水打在屋顶上，啪啪作响。看完电影，推开宿舍的门，从阳台上望去，是漆黑的一望无际的暗夜。

后来来北京工作，有一段时间做freelancer，为各大时尚媒体做采访。采访过梁家辉一次。对他的印象，始终是停留在《情人》里那个忧郁而瘦的中国男人，戴着一顶礼帽，十指修长。

特意从河内飞到西贡，去看湄公河。到达西贡，雇了当地司机开车载我去到河边。从城市到郊野，赶到湄公河边，已是日落时分。在湄公河上，乘坐一艘窄窄的小船，当地船夫划船。河水水面辽阔，水波动荡。看到远处有巨大的轮船，想到梁家辉与珍告别的情景，不觉内心怅然。

后来，我把这段经历写进了第一本小说《越南星空下》里。

喜欢雨，越南的雨水多，尤其是夜里，时常被雨声惊醒。住在朋友阮德昌家房子的顶楼，房间里供着祖先的牌位。电风扇呼呼地吹。房子在一条窄窄的巷子里，一开始总是很难找到。害得阮德昌时常为我担心，怕我迷路。

我着迷于在越南走路的感觉。在河内，路边盛开着蔷薇，一方池塘，放学的中学生，穿着奥黛的少女，路边的水果摊，尘土飞扬的足球场。在城市里的湖边，看人们钓鱼。去到早上的咖啡厅里，一杯冰的黑咖啡，一份报纸，和当地人一样，开始新的一天。

喜欢这样缓慢地生活。一如从前。从前慢。

又一年，和安意如、余一梅等几位朋友，一行七人，从云南开车到泰国、老挝旅行。一辆越野车，从大理一路南下，行经昆明、墨江、景洪，再从磨憨口岸出关。一路驱车，到达老挝、泰国、柬埔寨。

夜宿在老挝与泰国交界的边境，临时在路边找到住宿的地方。尘土飞扬的老挝乡村，人们在盖房子。小商店开着门，皮肤黧黑的店主，咧着一口白牙齿对我们笑。沿着乡下小路走，庄园的鸡舍，远处的寺院，阳光炽烈，绿意盎然。

在泰国北部的古城清迈，发自内心地爱上这座城市。逛不完的市集，人头攒动。在咖啡店里喝冷咖啡，听世界各地的游客讲着不同的语言。背着包，在这座小城游走。寺院真多。古老的寺院，崭新的寺院。沧桑的，金碧辉煌的，在阳光下矗立。会脱了鞋子进到寺院里待上一会。感觉内心清凉。

超市真多，生活便利。各种各样的超市。年轻的店员总是微笑着，眉目清爽，讲话的声音也柔和，仿佛从不懂得生气。喜欢那些城门，古老的城门，繁复华丽，已经存在了几个世纪。在北京，古老的城门已经绝迹，但是这里保存得很好。人们活在当下，活在此刻，同样，也活在过去，或在传统中。他们尊重自己的国王，在无数地方的广告牌，高速路边、商场，都能看到王室一家的合影照片。这昭示着某种象征意义的存在。在我们的历史中，王室意味着陈旧、朽腐，以及落后，但是在这里，他们是精神感召力。

在高速路边遇到一家咖啡厅，停车，买咖啡。店员是两位年轻的姑娘，英文不是很流畅，但是热情。我要了卡布奇诺，意如要了一杯拿铁。咖啡厅尽管开在路边，却是一点也不马虎。设计考究，有一种现代气息。四面是宽大的落地玻璃窗，能看到山野间的景色。溪水，树木，山峦，尽收眼底。

那一刻，居然很想在此停留下来。

在从清迈去往曼谷的途中，经过苏可泰，泰国的佛教遗址所在地。那种美，真是惊心动魄。多云的天空下，那些古老的佛像，一座一座，就这么突兀地立在眼前。台阶，是古老的。断壁残垣，亦是古老的。那些佛像，经过了风吹、日晒、雨淋，一代代的人，一代代的时光，恍然掠过。

黑天白夜，他们的面庞依旧是生动的，鲜活的。一如初被雕刻出来的刹那。尽管佛身已经变得斑驳，甚至是黝黑，但是，他们内在的华彩依旧在啊！那是任时光变幻也掩饰不住的。

一只飞鸟飞过来，停在了一尊佛的掌心。又一只飞鸟飞过来，飞在了佛像的肩膀上。佛只是兀自微笑着，无动于衷。

天色更阴沉了，下雨了，细细密密。我只顾在这一尊尊的佛像间走着。他们俯瞰着如我一般的众生，俯瞰了几百年。

那样的景象，该是何等让人震撼啊！我几乎是感觉大骇了，因了这世间有如此美妙佛像的存在。

一方水塘，就在这些佛像前。佛像的身影倒映在清澈的水中。水面上，密密的雨帘中，几只飞鸟掠过。那些睡莲，白色的，红色的，依旧是在雨中静默着，仿佛沾染了佛性。水面上，雾气氤氲弥散着。

四围是静谧的，除了雨声。能感受到，这里的能量场真好，干净，清明，远离尘嚣，是适合修行的地方。

老挝。湄公河边的寺院。日光朗朗，寺院的三角梅开得正旺，红色的花朵，如炽烈的火焰。甚至寺庙的颜色也是炽烈的，金色，红色，火烈鸟一般，一株生命之树画在墙壁的一侧。寺院的门正对着湄公河。河水宽阔。透过江边树的缝隙，可以看到一艘小船，正驶在江心，舟子奋力划着船，驶往对面的村寨。对面，已经是炊烟袅袅升起了。

我，早已忘记了归途，不知身是客了。

迷蒙夜雨中，泡一壶茶，给异乡客舍的自己。

南方：无梦到徽州

慢不是哲学，
它是生活本身的真实样子。

南方以南，除了扬州，还有一座古城徽州，亦恒久留在了诗文中。

徽州的美，徽州的前世与今生，就隐藏在那一条条古街的青石板路上，隐藏在游人退去后的清冷月光下，隐藏在马头墙、小青瓦的一座座宅院中，以及那些散落在山间的古村落里。在那里，祠堂、社庙、悄无声息的神明、掠过茶山山野间的风，都看不见、触不到，但是，依旧存在……

徽文化，是代表了中国地方文化的显学，是属于中国南方的古老生活美学，也在皖南的高山、乱石、青松与流水间蜿蜒流转。

这是我近两年来，第三次踏足徽州大地的呈坎古村落。

这座古村落，八面环山，溪水绕村而过，极具灵性。

2019 年来时，是六月份，迎接我的，是满池塘的荷花。“世间花叶不相伦，花入金盆叶作尘。惟有绿荷红菡萏，卷舒开合任天真。”整座荷塘，都卷舒开合着，一派天真疏朗之气。

喝当地绿茶，赏荷花，只觉得神仙亦不过如此。五感打开，我近乎贪婪地嗅闻着空气里流转的清香。

这次踏访，未及莲花盛开，却也是别有一番美。

穿行在这座明代古村落的巷子里，一道道窄窄的巷子，恍如迷宫一般，一不小心就会迷路。但是，在巷子里穿行，就算迷路，甚至迷失，似乎也是一种美好。何妨暂时迷失自己，迷失在时间与生活的深处。

我跟同行的徽州朋友说，真羡慕你们投胎在这里。他们听了哈哈大笑说，唐老师，欢迎你随时成为新徽州人。新徽州人这个概念，是基于一批徽州之外的人，他们来到这里，爱茶、爱文化、爱生活，既与当地人互动，也形成了自己的文化圈子。

古村落里，人们生活着，就如他们的前辈祖先一样。那座北宋时期的长春大社，木质的建筑物已经破损，但是威严古朴

依旧，有着苏东坡的题字：春祈秋报。“长春”，这名字充满祈福与美好的意愿。十雨五风，四时八节，农耕文明时代的中国人，一直活在节气里，天地隆重。另一处古老的家族祠堂，又是一种样貌。石头雕刻的花纹，显示着一种充满秩序感的等级与隆重。走进去，空旷寂寥。春日晴空下，柏树森然。有石雕的狮子，有廊柱、石墩、台阶，还有屋宇连成排，代表了一种对逝者的最高礼遇。

礼，在儒家思想中，决定了生活美学的秩序，也让生活变得富有仪式感。

我的徽州朋友王巧玲生长在这个村子里，她一直生活在此处，直到外出念大学，后来在屯溪的一家医院里工作。“我之前非常憧憬外面的生活，想通过努力读书离开村子，但是，现在离开了，反而更想回来，想去多了解它，多接触它，了解越多，越懂得了它岁月积淀的美。”

巧玲的家，就在呈坎的村头，她和家人把之前的房子改成了一家独具风格的民宿。坐在院子里喝茶，沏上一壶黄山毛峰，或者太平猴魁，或者是祁门红茶，便是一桩人间美事了。

距离房子不远处，便是连绵的青色山峦，以及一座明代的石桥，穿过石桥那头，便到了山里。巧玲喜欢摄影，她用她的相机，用自己的视角，记录和捕捉着属于呈坎古村落的美。

“外面的世界越来越喧嚣，这里的生活也并非一成不变，但是，属于古村落的生活方式与特质，却从未改变过。”

快速发展的时代，在这里，人们依旧日出而作，日落而息，春天插秧，秋天收割，种菜、养鸡、养鹅，那些素朴的年长的妇人，还是喜欢在村头那条河水边浣洗衣服，用棒槌敲打。木心的诗歌里说，从前慢。就如眼前，这名背着竹筐的妇女，从我们的镜头前慢慢走过，走向巷子深处。

在这里，慢不只是美学，或者是哲学，它更是生活本身的真实样子。

慢下来，才更接近生活与美的真谛。

不仅是呈坎，西溪南亦如是。西溪南这个地方，该是唐伯虎的一个梦吧。或者，如莎士比亚所说，是梦中之梦。

五百年前的某一天，唐伯虎同祝枝山从苏州来到徽州，两人沿着新安江逆流而上，一路的跋山涉水，最终他来到了西溪南，并且，在这里设计了一所著名的园林——果园。

这座占地4000平方米的明代园林，曾经盛极一时，亭台轩榭，曲池假山……如今，它只存在于人们的想象中。但是，西溪南，依旧是无数人心目中的梦中之梦。土地庙依旧在巷子口，古老的书院依旧在。有河流，有神灵，有桥梁，有寻常的生活，这里，是理想的居住之所在。

行走在村边的湿地水边，一场雨不期而至。愈下愈疾，携裹着风。一边在亭子里躲雨，眼睛却不肯放过这眼前的景致。绿，几乎是一望无际的绿，漫不经心地，坦坦荡荡地，铺陈开来，如同华彩的汉赋一般。水边映衬着玲珑剔透的柳色，绿意深深浅浅，层层叠叠着。雨势小了，在村子里行走，白墙黑瓦的房子，一座连着一座，忽而，会有一树芭蕉从墙里伸出来，泄露了主人内在的雅意，又仿佛冷不丁泄露了主人家的秘密。

“墙里秋千墙外道。墙外行人，墙里佳人笑。笑渐不闻声渐悄。多情却被无情恼。”

这样的一个古村，仿佛经过的每一家，每一户，都有一个故事。有家名叫“余清斋”的客栈，它的门口不远处，有一株古老的银杏树，树龄超过了500年。在这里，似乎到处都是活着的历史。

500年，也似乎只是一瞬间而已。

山水：我是邻人不多远

文震亨所著《长物志》，讲室庐、水石、器具、香茗等，字里行间，流露一种贵介风流，隔了时空，依旧醒目赫然，触手可及。

世事漫随流水，算来一梦浮生。

连续数年，每到春天，便会去到苏州。故地重游，这是属于我的梦中之梦。

喝茶，听戏，听雨。看花，看山，看人。每到苏州，也总喜欢住同一家小酒店。位于老城区，招牌并不醒目。大堂里有一排排的书架，二楼的走廊里也是书架林立。这是我喜欢的，尽管自己每次出门，行李箱里必有几本书随身携带，但是仍旧会习惯性地看一下书架上有没有意外的发现。

单人间的房间窄小，电视机，木床，淋浴间。斗室而已，但是收拾得干净。从外面回来，冲完澡，趴在床上看书。点上一只藏香。听着窗外的唰唰雨声。偶尔会开着电视，但是并不看。会喝上一瓶啤酒。喝两口，放在床头柜上，继续看书。南方的春天有些清冷，打开空调，吹着暖气，就会舒服很多。

房间隔音效果很好，往往是看书累了，便躺在床上睡着了。一直睡到天亮，自然醒来。也许是较之前心态更放松了，这几年的睡眠越来越好。那些曾经深入骨髓的悲伤，似乎随着时间的流逝，已经有些淡然。人终究要活得开心一点啊，行乐须及春。不再有李后主“帘外雨潺潺，春意阑珊。罗衾不耐五更寒”的怅惘。推开窗，便看到帘外芭蕉三两窠，映衬着一段白墙。心中一派安然。

天依旧是阴沉的。吃过一碗面，便去苏州博物馆看展览。时间尚早，排队看展的人并不是很多。穿过苏博院子里的池沼水榭上面的青石路，白墙下的太湖石假山倒映在水中。水波粼粼动荡。红色锦鲤自在去留。去过京都的龙安寺方才发现，贝聿铭当年设计这苏州博物馆，对于假山的处理，或许有一部分灵感是来自龙安寺的枯山水吧。只不过，龙安寺的枯山水是凝重的，玄思的，苏博的山水则是灵动的，活泼的。

松树的松针上，闪现着昨夜的雨珠，细密，剔透。看过秘色瓷，便径直去二楼看清代吴氏家族的收藏展。展览的名字题为“梅景传家”，梅景，系吴湖帆在上海的书屋之名。这名字，

又源于宋刻的《梅花喜神谱》。我看梅景二字有几分眼熟，猛然想起，去岁的某一日逛北京城小武基桥附近的古玩市场，看到一只老的竹制臂搁，上书“梅景”二字，丰腴清隽，但当时没看落款，不知是否真的是吴湖帆曾经的文房用品流落至此。

不觉间，已经人头攒动。此次梅景传家之展览，汇聚了吴氏家族的各类收藏，古玉、书画、碑帖、古印、文房等，都在其中。藏品之丰厚，令人咂舌，叹为观止。只觉得根本看不过来。看不过来，也就索性放下面面俱到的心，只专注于看某几件藏品。

目光停留最久的，当属沈周的《有竹邻居图卷》。长卷的太湖之滨，烟波浩淼，山村水郭，渔船往来，芦苇摇曳，疏影飘摇。整幅画作用色极其清雅，是沈周一贯的画风。有人于湖边楼上凭栏，仿佛仰而茫然，俯而恍然。

“水南水北曾称隐，百里重湖今属君。种树绕家深蔽日，寻门无处总迷云。鱼濂花落闲供钓，凫渚菰荒久待耘。我是西邻不多远，鸡鸣犬吠或相闻。”署名是，邻人沈周。一代才子，如此可爱。有竹，是沈周隐居之所在。隐居其中，读书绘画，自得其乐，但是，未免依旧寂寞。有志趣相投的朋友来做邻居，他喜不自胜，写诗作画以记之。可见，他的隐居，并非是脱离尘俗，而是有一种人间烟火的气息。因而显得格外真实生动，如他的画作一般。他的心境始终闲适，活到了83岁的高龄。

隔着一层玻璃，似乎听到太湖烟波深处的欸乃划船声，也似乎依旧能感受到当年沈周作此画的心情。内心欢喜，却是清润平和。他的才华，不止于诗，文章亦颇佳。《记雪月之观》便是其一，“楼临水，下皆虚澄，又四囿于雪，若涂银，若泼汞，腾光照人……”言简意赅，寥寥数语，便是意境全出。

文徵明自是风雅茶人，沈周亦然。他出身名门，家境富裕，止步于仕途。醉心于收藏古董，品茗，赋诗，绘画，似不食人间烟火。

从苏博出来很久，那画面依旧不时在脑海中闪现。

计划去狮子林和艺圃。狮子林是苏州的四大名园之一，但是此前从未踏访半步。沈建东老师说，这几天狮子林的老梅树应该开得正好，不妨去看看。艺圃曾为明代四才子之一文徵明的曾孙文震孟所有。前几日，读文震亨所著《长物志》，讲室庐、水石、器具、香茗等，字里行间，流露一种贵介风流，雅人深致的明代气息。这种气息，隔了时空，依旧醒目赫然，触手可及。这文震孟便是文震亨的弟弟，兄弟二人，皆是长身玉立，才俊风流，为时人所推崇。

进得狮子林，梅香清香袭人。两侧是古老的梅桩写意盆栽，苍劲，粗壮。名字也有趣味，诸如虎丘晚粉、玉碟、铁骨粉、银红、小绿萼等。但是，经过昨夜的一夜风雨，已经花落缤纷。前几日看过了香雪海与司徒庙的梅，眼前的梅树似乎已经变得寻常，激不起我内心的情感波澜。穿过庭院与厅堂，倒是燕誉堂、指柏轩的早春牡丹、茶梅、水仙、墨兰等，热热闹闹，大有红杏枝头春意闹的态势。

白墙的院子里，一丛绿竹，一块太湖石。墙角处，一株翠色松树，略略倾斜了身姿。一株黄色的腊梅树，身形窈窕，树上的梅花已经干枯，盛开殆尽。有人坐在旁边的石椅上休憩。人渐渐多起来，有些喧闹了。在出口有一间小书店，进去看，

有人坐着喝咖啡，吃东西。猛然看见书架上有一本文徵明的小楷，拿起来翻阅，心生欢喜。

也许是时间到了，对于书法字帖越来越感兴趣。开始收藏收集文房用品，臂搁、水洗、宣纸、笔架，尽管现在不写字，冥冥之中，却总感觉有一天会用到这些。

文徵明的小楷真是好看。他写屈原的《离骚》，写《老子列传》，写苏轼的《后赤壁赋》。写《离骚》的时候，应该还比较年轻吧！清隽秀逸，有一种木秀于林的感觉，似乎要向世间有所证明。写《后赤壁赋》的时候，已经是 83 岁。明显看得出，他把所有的人生经历与体悟，都融合在这一笔一画中了。笔力苍劲，仿佛老骥伏枥一般。法度亦是足够的严谨纯熟。“纵一苇之所如，凌万顷之茫然。浩浩乎如冯虚御风，而不知其所止；飘飘乎如遗世独立，羽化而登仙。”他是在写苏轼，也是在写自己的一生啊！

出得狮子林，一抬头，不经意间，看到了高高耸立的玉兰树，俨然已经开花了。粉色的花瓣，落在了黑色的屋瓦上，分外醒目打眼。

于是，坐在玉兰树旁一家餐厅的檐廊下，对着这一株玉兰树发呆。

某一年，去江南的同里古镇拜访一位朋友，琴人行者，那时，他还在修习吴门古琴。印象深刻的画面是，他站在一家书院里的一株白玉兰树下，一袭白色汉服，飘然不似这个时代里的人。我们坐在玉兰树下的石桌旁喝茶。一阵风过，玉兰花瓣便纷纷扬扬地飘落下来。

我们看着这一场不期而至的花雨，一时忘了言语。

停云：暂问一杯茶

空间不大，又寂寥无比，

竟是一派旧时苏州城的样貌。

对昆曲的喜爱，由来已久。在北京，也看过几次北方风格昆曲的演出。总觉得铿锵有余，温婉不足，尤其是唱腔，苏州一带的南昆，真真是水样温柔，而北昆，则有点像水面凝冰，银瓶乍破了。在北方看戏听戏，还是京剧来得更爽快明朗一些。

数年前的春天，也是一个人在平江路游荡。刚刚去到了宜兴，看紫砂壶。白日里，在人群里行走。一回首，便瞥见了“停云香馆”四个字。那个时候的我，初习茶，对于与茶有关的一切都感兴趣。香、花、琴，都想多了解一下。况且，这“停云”二字真妙。停云者，是凝聚不散的云。昔时，陶渊明闲居家乡浔阳柴桑，没错，这里的浔阳，就是白居易“浔阳江头夜送客，枫叶荻花秋瑟瑟”的浔阳。其间，陶渊明写有停云诗句：“霭霭停云，濛濛时雨……静寄东轩，春醪独抚。”

如同此情此景。

进得停云香馆之内，几无人影，果然是一片曲高和寡般的寂静。不过，里面的器物与陈设，真是好看。层层铺陈，却无杂乱之意，只觉一切恰到好处。一道竹帘，将空间分割开来。是香馆，也有各式茶具，日本老铁壶、银壶、陶壶、紫砂，侧把急须，各式茶杯，我目不暇接，只觉内心欢喜。

有一个男人缓步走过来，看气质风貌，应该是店家主人了。我微微一笑，颔首致意。他个头不高，身形瘦削，却是极儒雅的样子，着了一袭有着暗色印花的青色长衫，文气十足，干干净净，仿佛民国来客。“这些都是用于流通的，楼上还有我的一些私藏，可以看看，也可以喝杯春天的新茶。”他的语气是淡然的，听了却让人觉得暖。

店内一道木楼梯通往二楼，脱掉鞋子，沿着逼仄楼梯而上。果然是另一方天地啊！空间并不大，却是疏朗有致，木地板，佛造像，日式插花，卷轴，有传统式样的木棱窗户，能听得见楼下街衢巷子的热闹，却不嫌吵闹，更显此处闹中取静的闲适。还有一个屋顶花园，面积也不大，青砖铺地，收拾得妥当得宜，数竿翠竹，以及各种南方的植物，寂寥无比，又意趣盎然。站在这里，一打眼望出去，层层的白墙黑瓦，竟是一派旧时苏州城的样貌。“还没得空好好收拾。”面对我的赞叹，他说。那话是真诚的，并不是刻意的谦逊。

回到室内，又进到另一个空间，做成榻榻米的样子。一张低矮的老榆木茶桌，一盆菖蒲，薄薄的一层青苔。茶壶、茶杯，连同竹质的茶则，无不讲究，却又不是刻意的，仿佛一切都应如此。

喝杯今年的新茶吧，苏州本地的绿茶，不及碧螺春之类名声大，但是，很好喝。在茶桌前坐下来，感觉自己的气沉了不少。老铁壶煮水，在等水开的功夫，他拿了一只施了黑釉的公道杯，说："我们用它来泡茶吧。"

我一时语塞，不是用玻璃杯泡绿茶吗？或者至少用盖碗之类吧？公道杯难道不是分茶汤用的吗？但是话却没有出口。似乎看出了我的疑窦，他只微微一笑，并不多说什么。当鲜嫩的茶芽在黑色釉的公道杯内旋转，嫩绿与黑色，相互映衬，居然呈现出一种近乎幽玄与神秘的美感。我立刻明了了他的用意。当我后来读到宋代蔡襄的《茶录》时，看到宋人饮茶用黑色的建盏以衬托茶汤的洁白，即"茶色白，宜黑盏"，眼前浮现的画面，依旧是他在用这黑色公道杯冲泡绿茶。

几杯绿茶，散淡而坐。宾主也并不说什么话，他泡，我喝。沉默平静的气氛，反而让人觉得舒服。仿佛相识多年的老友，

宜兴紫砂壶“破晓”　潘正制

是否时常见面并不重要，但是，再见面时，能否在一杯茶中读懂对方的心，才是最重要的。

那时，我的面上应该带着些许的茫然与怅惘之气吧，至少，内心不像现在这般定笃。我告诉他，自己打算写一本茶书，打算而已，那时其实对茶所知甚少，仅凭着一股类似于少年人般的热情与意气。“茶字简单，读懂却不易啊！”他说，又为我续了一杯茶，并不再多说什么。我兀自点头，若有所思。

不问名姓，就此告别，暂借一杯茶缘。

再见面，时隔两三年。依旧是某一个春天，陪一位朋友去苏州拍片子，他们在平江路上忙着取景，布景，我则找了个空档直奔停云香馆而来。

对那杯茶，我一直心存感怀。

进得门内，似乎一切还是此前的样子。氤氲流转的陈香气息中，夹杂着白酒的气息。他正在与一位朋友吃饭，依旧是一袭素衣袍，颜色与此前略略不同。他并没有认出我，一边吃饭，一边与朋友高谈阔论，与喝茶时的安静寡言样子真是不同，竟也有着北方人一样的豪爽。

是否可以去二楼看一下？我问。他略一思忖，尽管去吧。谢谢。脱掉鞋子，沿着逼仄木楼梯上楼，一切宛然。古物仍在，酱色大缸里插着去岁的白色芦苇，以及另一些枯枝。榻榻米，老榆木茶桌，这次，茶桌上放了一串素色的佛珠。

屋顶花园变化不大，陈旧的盆盆罐罐里，绿意葱茏，只有白墙更加亮了一些，似乎被粉刷过。透过木制的花棱窗看人间的市井景象，也还是那样热闹。

后来同苏州的缂丝技艺传承人陈文老师聊到平江路，聊到停云香馆，她笑，他姓黄，我们是很好的朋友呢。于是托付陈文老师将我当时的新书《在一杯茶中安顿身心》转赠于黄先生。感念曾经的杯茶之缘。

不觉，春又近。春水已生，春林繁盛，春光流转。再过几日，又要前往苏州，这次，可以正式约黄先生喝一杯茶了。

京城：寒夜客来茶当酒

她常说自己是家住吴门，
久作长安旅。

雪花被风吹得扑朔迷离，渐欲迷人眼。

南池子大街上，踏雪而行。

在一个雪天去拜访一位住在故宫边上的朋友。还有什么比这更值得期待的事情呢！

房间里温暖。木地板，布绒沙发。两只猫，黑猫天天和白猫地地趴在沙发上打盹。本杰明在沙发上看书，沁沁在研习钟繇的小楷。最近，她又迷上了梵文和中国的书法，每周去阿含书斋学习梵语，又报了书法班，学习隶书和小楷。

白色长条书桌上，摆满了她的文房用具，镇尺、宣纸、毛笔、笔洗……有模有样。放着苏州评弹的音乐。她的姥姥当年是出身苏州的大户人家，她常说自己是家住吴门，久

宜兴紫砂壶“玉露” 朱雪宸制

作长安旅。

我们都爱听评弹。仿佛前世都是姑苏客。莺莺操琴，《潇湘夜雨》《黛玉离魂》《西厢·请宴》《狸猫换太子》《宝莲灯》《珍珠塔》……我们一边听评弹，一边感叹苏州的诸多妙处。她又一边用法文向本杰明翻译解释我们的对话。

已经是晚上十点。推开门，院子里，冷意瞬间袭来。雪，依旧在下着。扑扑簌簌，纷纷扬扬。影壁，枣树，枫树，院子里的木头椅子，灰色屋瓦，窗棂，都笼罩在簌簌的雪中。雪夜中，屋檐和枣树的树枝，勾勒出瘦而清明的轮廓，仿佛极简主义风格的线条。

“巴黎下雪吗？”“巴黎的雪很少，天气偏暖和。”我们有一搭没一搭地说着无关紧要的话。

“寒夜客来茶当酒，竹炉汤沸火初红。寻常一样窗前月，才有梅花便不同。”人生能有几个这样的夜晚，可以与朋友在一起。我原本惦记着赶末班的地铁，索性也不再想。大不了坐出租车呗！沁沁说。

地地似乎睡醒了，睁开眼睛，茫茫然看着我们。“它们一般什么时候睡觉啊？”我问。

“它们随时都可以睡觉，可能年龄大了，睡眠比我好多了。”沁沁笑。天天和地地年岁相仿，但是精神状态却差别大。天天毛色漆黑油亮，地地的白色毛发有些黯淡。

不过地地似乎很喜欢我，每次都要跑到我跟前来，一副求抱抱的样子。“地地很喜欢你啊！”沁沁说，“它一般都不会理会来的客人。你们有缘，要不你把地地带走吧！”她不止一次怂恿我。我抚摸地地的头，它趴在地板上，温顺地任我摆弄，发出类似咕咕的声音。“那是因为它很舒服，很信任你，猫就是这样，觉得舒服了才会发出这种声响。”“不行啊！”我也总是认真地拒绝，“我家里好多茶叶，还有好多茶杯，怕被它碰了。”

聊起刚看的电影《刺客聂隐娘》，沁沁抱过来一摞厚厚的DVD，这里有侯孝贤的全部片子。她又抱出另外一摞，还有金基德的，像是《漂流欲室》。他的电影作品主题都狠而残酷，有一种近乎蛮壮的生命力存在。《春夏秋冬又一春》是金基德最有意义的电影。画面很干净，简洁，空灵，有一种韩国禅宗色彩的美感。

又聊起伍迪·艾伦，疯子一样的电影天才，和他的电影《午夜巴塞罗那》，以及《午夜巴黎》。

“跟我讲讲你的巴黎。”我对沁沁说。我一直还没有去过巴

黎。对我而言，巴黎是一个梦，有塞纳河、左岸的花神咖啡，有萨特和他的存在主义，当然还有波伏瓦、海明威、菲茨杰拉德、毕加索和亨利·米勒。巴黎于我，是一席流动的文学与美学盛筵。

雪一直在下。扑簌扑簌。旁边的故宫，角楼，护城河，马路，人家，一切都是静寂的。除了我们谈话的声音，四围一片都是静寂的。

窗花旁的桌子上，白色的茉莉花打着花苞。一股细微的幽香。我们不约而同停止了说话，感受着这一份春夜里近乎庄严的寂静。老子说，大音希声。就是这个意思吧。

夜深沉啊!

这雪中的京城的夜，如同夜静春山空。

湖州：一杯唐代贡茶的味道

谒见陆羽墓地。陆羽的幸运，在于他的孤独，有人懂得。

对于爱茶的我而言，每年一度的江南之行，也是一次关乎茶的朝圣之旅。

1000 多年前，陆羽在《茶经》里，开篇第一句便是："茶，南方之佳木也。"几乎绝大部分的中国茶，都产自江南。与江南茶相比，北方零星的产茶区，几乎可以忽略不计了。

江南访茶，绕不开的是湖州。

湖州是中国的书画之乡，是丝绸之乡，湖州于我的意义，是陆羽与顾渚紫笋茶。

顾渚紫笋古茶山，若干年前就曾经踏访过的。"阳崖阴林，紫者上，绿者次；笋者上，牙者次。"读过《茶经》的爱茶人，对这句话应该不会陌生。实际上，《茶经》里讲到的茶区与茶品种颇多，也奇怪，唯有湖州的顾渚紫笋令我印象深刻。

想来，爱屋及乌，也许是因为湖州是陆羽写作的《茶经》的地方，是陆羽与诗僧皎然和尚、大书法家颜真卿悠游的地方，也是他最后安葬的地方。

去湖州，先拜访在湖州开民宿的孙松江贤伉俪。我们在北京因茶结缘，他们平时在茶山时间多，近年来我也因国内国外忙于茶文化的讲座与交流，见面次数并不多。但是，真正爱茶人的心意都是相通的，并不因减少了见面次数而情感有所淡漠。

松江贤伉俪因为爱茶，爱上了湖州，爱上了这里的生活，几年前干脆彻底从京城搬到湖州居住，在湖州开了一家名叫“枰庐”的民宿。依山傍水，群山环绕，养了两条狗，如海德格尔所说，“诗意地安居于大地之上”。

白日里，下午看完茶山，便开始享用枰庐晚餐，坐在枰庐的茶室内品茗顾渚紫笋。顾渚紫笋，严格意义而言，许多茶的门外汉并不太知晓。在唐代，却已经是当仁不让的贡茶，有“牡丹花笑金钿动，传奏吴兴紫笋来”之说，更是陆羽品评的“茶中第一”。其得名于两点，其一，产地是浙江湖州长兴水口乡的顾渚山，其二，其茶叶微紫，且卷似笋壳。

湖州　唐代茶圣陆羽墓地

室内曲水流觞，水仙花吐露幽香，花香茶香，暗香浮动。山中夜晚，静如太古。一盏茶接一盏茶，不觉已经是夜半时分。偶有几声山村犬吠，更显得春夜寂静。

第二日，去谒见陆羽墓地。路上，经过一个叫西塞山的地方。我脑海中应急般翻滚出一首唐代小令："西塞山前白鹭飞，桃花流水鳜鱼肥，青箬笠，绿蓑衣，斜风细雨不须归。"这是唐人张志和的《渔歌子》。那么，这附近的某个溪水旁，便应该是张志和曾经在烟雨中垂钓过的地方了。

陆羽的墓地就在妙西镇一所学校旁边。走过窄窄的石板路，上得一座竹林飒飒的小山，陆羽墓地赫然出现在眼前。春风习习中，陆羽墓地寂然。"自从陆羽生人间，人间相学事春茶。"于我，陆羽不只是一代茶圣，更是一位隐藏于历史深处的有血有肉有自我认知的人。

《陆文学自传》里，他说自己"往往独行野中，诵佛经，吟古诗，杖击林木，手弄流水……"一副独来独往的行者姿态。就是这样的文字，让我深深记住了他。

陆羽的幸运，在于他的孤独，有人懂得。皎然和尚、颜真卿，都是他的茶友、诗友，唱和饮宴。窃以为，他们的出现，让陆羽在湖州孤寂的独居生活，出现了一抹明亮色。如张爱玲所言，人与人之间的交往，懂得，比慈悲更为重要。你懂茶，我懂你。天下至交，莫过于此。

湖州的唐代贡茶院，是中国历史上第一座国家级别的贡茶院。原址之上，复建而成。经历了江南风雨的栉风沐雨，木结构的房子也变得有几分古意。典型的唐代建筑风格，如若去过京都或者是奈良，再来到这里，会更能唤起建筑物试图传递的那种唐代况味。

坐在贡茶院的茶室喝茶，盖碗冲泡的当地绿茶有些苦涩，入口硬度很大。山风穿堂而过。天色向晚，浓云堆积，似乎一场大雨又在酝酿之中。

山雨欲来风满楼。

下梅：谁带我踏上漫长的茶路

各路神灵们依旧在庇护着这个曾经风光一时的古镇。

前几日，受邀去北京人民广播电台做茶文化节目，聊起了奥运冰雪小城张家口，其实也是一座与中国茶文化有着深刻缘分的城市，才女主持人奕丹立刻兴趣满满，让我聊聊张家口与茶的佳话。

张家口是中俄万里茶路上一个重要的驿站和中转站，明清时期，盛极一时。它的终点是俄罗斯的圣彼得堡，另一个说法是恰克图。万里茶路的起点有两个：一个是湖北赤壁的羊楼洞，另一个则是福建武夷山的下梅古镇。

我更心心念念的是下梅古镇。

下梅古镇，去过一次，便难以忘怀。如同喝过一款好茶后，会记得它的色香味形，它的韵致，你会想一而再、再而三地去品鉴它。

第一次去到下梅，颇为惊艳。在武夷山的天上宫喝完茶后，刘青神秘兮兮地说，带你们去看一个好地方，于是和沁沁、刘青、老周以及卞柯一行几人，离开武夷山，驱车直往下梅。

阴天的下梅古镇，被群山环抱着。那是云雾缭绕的茶山。一团一团的乌云之下，它俨然是一副安安静静、与世无争的模样。雕梁画栋的老房子，高耸的门楼，斑驳的码头，徘徊迂回的连廊，在廊下埋头干活的老人家……一只狗跑出来，打量着你，然后不吭声，又进到了屋子里。

神庙就在人家隔壁，小小的一间神庙，供奉着那么多神仙：妈祖、观世音、玉皇大帝……神仙们拥挤着，热闹着。香炉里依旧插着香，烟雾袅娜。

各路神灵们依旧在庇护着这个曾经风光一时的古镇。

有一条名叫当溪的河流。当溪，当惜，是谁给它起了这么一个婉约的名字。过去交通不便，船运是主要的交通工具。你若离开，何日归来？“临行密密缝，意恐迟迟归”啊。愿这条溪水能够带你安全抵达要去的地方。置身异乡，不要忘记了，故乡这里一直有人在等着你。

当溪的水，依旧喧哗着，流淌着，与古镇的安静与落寞形

蟠龙纯银茶入

成对比，仿佛诉说着古镇昔日的荣光。俱往矣，谁能想象，就在 300 多年前，“康熙十九年间，其时武夷茶市集崇安下梅，盛时每日行筏三百艘，转运不绝”。

当年生意之兴隆，可见一斑。

在当溪溪水两岸，慢慢而行，恍如行在古旧的时光里。如今，称下梅为古村更为合适。它的村落建于隋，里坊兴于宋，街市隆于清，繁华过后，茶香依旧。村里的年轻人多外出务工，留守的多是老人与孩童。

邹氏祠堂内，祠前有拴马石、抱鼓石，供前来祭祀祖先的后人驻停。邹氏大夫第，青石铺路，砖雕木雕，富丽堂皇，刻金字楹联。南方风格的花园里，有金鱼池、精美的石头花架和双面镂花砖雕的窗户，营造出“拂墙花影动，疑是玉人来”的美感。后来的时代，风云变幻，偌大华美的庭院中，已经没有邹氏后人的身影闪现。

风吹雨打中，它幸存了下来，但是徒具躯壳。被保护，被参观，被展示，唯独不再被使用。我好奇，里面曾经生活过的人呢？他们曾经经历过什么？过着什么样的生活？

答案在泛着茶香的当溪中飘过。

这当溪，其实是一条人工运河，乃是邹氏家族合力开凿之。虽然只有 900 多米，却是在下梅编制了一张水运交通网，连接了外部世界。

万里茶路由此开始，一路北上，经过江西的河口，湖北的汉口，再至作为中原腹地的洛阳，到达山西的晋城。然后，由晋商以马匹、骆驼等运到大同、张家口、归化等地，一路风尘仆仆到达边外的库伦（现乌兰巴托），运至冰天雪地的俄罗斯，最终将茶输送至欧洲诸国，出现在达官显贵的面前。

经过几代人的艰苦创业后，作为外来者的邹氏家族亦成为闽北首富，与晋商合作茶叶生意，通过万里茶路从事茶叶贸易，每年获利百余万两银子之多。

于是，清代的邹氏家族成就了下梅，正如明代的沈万三成就了周庄一般。

“风流总被雨打风吹去。”站在这样曾经辉煌的土地，很难让人不发出这样的慨叹。中国历史上，从来不乏大家族。大家族如同泰坦尼克号，它岁月长河中的倾覆，似乎更容易引发世人的关注。

但是，关于下梅的邹氏家族，其实我们所知甚少。如果用心去挖掘，或许又是一部不啻于《大宅门》之类的传奇吧！

太湖：紫金庵里碧螺春深

搓团显毫、文火干燥，
每一个环节，都马虎不得。

与苏州凤荫阁的李凤鸣兄一行数人，径直驱车前往苏州的东山，东山与西山皆临太湖，也都以茶与寺院著称。此外，东山的枇杷也是出了名的鲜美，肉厚汁多。东山是三大枇杷产地之一。可惜我们此次来的还不是时候，要再迟一个月，这里的枇杷才会上市。

茶，自然是碧螺春。寺院，乃是东山的紫金庵，西山的水月禅寺。

碧螺春茶，即洞庭碧螺春。在清代，康熙下江南，喝到此茶，颇为惊艳，题名“碧螺春”，与它的原名“吓煞人香”立刻云泥之别。明代的江南，绿茶种类已经颇多，至清一代，有了康熙帝的加持，碧螺春立即跻身于清代贡茶之列。

在东山，离开碧螺春博物馆，便步行至

宜兴紫砂壶“岁寒三友” 安时召制

紫金庵。紫金庵距今已经有1400余年历史，推算起来，当建立于南北朝梁陈时期。杜牧的诗歌里说："千里莺啼绿映红，水村山郭酒旗风。南朝四百八十寺，多少楼台烟雨中。"其中，四百八十寺绝非虚数，历史上，江南一带，寺院密集，信徒众多。

岁月既往，冉冉物华休。几经毁灭，紫金庵的建筑物当然不复旧时，行走在寺院中，唯有古木随处可见。其中，有800余年的古老桂花树，500余年的古老白玉兰。金桂秋季才会开花，玉兰却开得正是时候。日光晴丽，坐在廊下，香气氤氲，蜂蝶嘤嗡，望着满树的玉兰花，有一种不知今夕何夕的恍惚感。

清人诗曰："山中幽绝处，当以此居先。绿竹深无暑，清池小有天。"漫步在紫金庵，确有一种幽远的古意，自时空深处，逶迤而来。

寺院饮茶，别有一番味道。紫金庵的听松茶室，室外便是满目青山。"听松"二字妙绝，尤其是人少的时候。安心品茶，耳际是掠过松间的风。这得天独厚的品茶环境，真是羡慕煞我们这些远道而来的北方人。

点一杯碧螺春茶后，若不在室内，可于廊间临窗而坐，亦可以坐在玉兰树下的石桌石椅上，喝茶，听风，观花。雨水密集，那些石桌椅上，已经是遍布绿色苔痕了。

自古名寺出名茶，碧螺春茶最早的缘起，当与水月禅寺有关。

在探访水月禅寺之前，在李凤鸣兄的安排下，我们先踏访西山的碧螺春茶山，并观看了碧螺春茶的炒制。

尽管已经知晓碧螺春茶的生长环境是在果木间，站在茶山，看到眼前的景象依旧令我们感叹。茶园里，梅花树、枇杷树、松树、杨梅树，林立错落，东一树红梅，西一树白梅，明晃晃的耀人眼。难怪上等的碧螺春滋味醇厚，回味甘甜。

今年南方雨水密集，降雨时间久，茶树生长缓慢，这几日，尚未进入碧螺春茶的采摘旺季，只有极少的春茶被采摘。在李兄的指引下，我们见到了正在炒制碧螺春茶的张师傅。

张师傅是东山本地人，与碧螺春茶打交道的时间已经超过30余年。炒青操作间内，芳香四溢，高温炒青正在进行中。仔细看，能看到原叶一芽一叶的清晰外形。“碧螺春炒制工艺繁复，高温杀青、热揉成形、搓团显毫、文火干燥，每一个环节，都马虎不得。”张师傅说。

张师傅话语少，专注力在茶上，随着他手法的不断变化，揉搓中，茶的外形与颜色都在慢慢发生着变化。

四十多分钟后，真正意义上头采的碧螺春终于出锅了。看起来纤细多淡淡的白毫，卷曲呈优美的螺状，是典型的碧螺春的外形特征，张师傅朴实的脸上终于露出了满意的微笑。

贵阳饮茶生活　黄薇摄

第三章

茶汤中的乘物美学

小杯品茗，更能得品茶的幽微乐趣，

更具雅意。

孤独：如一碗唐代的茶汤

唐代执壶，宋代茶盏，定窑的梅瓶与磁盘……阴晴众壑殊。

谷雨节气后的第一天，北大的朋友约我去昌平明十三陵旁的富春山居8号喝茶，做一个茶文化讲座。早就听说过富春山居8号，它是一座明代的徽式建筑群落。全然的木建筑，从安徽迁移过来。耗费了大量气力。

“富春山居”这名字，一听到就很欢喜。曾经买了黄公望《富春山居图》的画帖，闲来无事，会经常展卷翻看一下。对于绘画，并无刻意深入的研究，只是一种纯粹的喜好。这幅长卷，设色淡雅，山水相间，树木、小桥、茅屋，墨色或浓或淡。有着中国文人画典型的审美趣味。

能够用“富春山居”来命名的院落，想来主人也必定有雅意。所以，尽管路途稍微有些遥远，也愿意欣然前往。

时值阴天，头一天一直在下雨。此刻的天空阴霾着，雨点稀疏，空气清冽，如同深爱的江南。车子行进在十三陵附近的山里，枯枝新芽，有的则是青葱一片。山间海拔略高，气温也低，由是，城里的丁香花已经开败，在这里，却尚在盛开着。一树白色，一树紫色，在路边。也偶尔闪过几树桃花的红色身影。明代的陵墓、碑亭、掖门、神兽，出没在山林草木间，时隐时现。古意如同明代小品文的句读般参差错落。

到达富春山居8号，不由有些惊呆，仿佛瞬间穿越到了明代徽州。青石板路，尽头是雾霭翻腾的远山。“分野中峰变，阴晴众壑殊。”整个院落就坐落在山间，白色墙壁，黑色马头墙。主人姓陈，我们皆呼之为陈兄。陈兄系温州人氏，从事商业多年，近些年来，开始研究书法，尤其钟爱米芾和王铎。书法之外，对于传统文化也颇有研究，收集了不少古玩器具。

陈兄带我们一个院子一个院子地参观。每个院子都有着独特的气息，基调却是一致的。老木房子，几乎要合抱的梁柱，精美的雕花、灰瓦，天井别出心裁地用透明玻璃覆顶，方便采光，又显示出一种与现代生活融合的美感。

他的收藏，亦是可观。唐代执壶，宋代茶盏，定窑的梅瓶与磁盘，唐三彩……数不胜数。一个大厅里，悬挂着复刻版宋徽宗的《听琴图》；另一个大厅，则陈列着恐龙的化石，与古老

的建筑物相融合，呈现出一种纷繁多样的审美。一个真正热爱生活的人，才会拥有如此丰饶的物品吧！

我注意到，几乎在每个房间内，陈兄都布置有茶席。他自己常待的工作室内，除了一张宽大的写书法的桌子，便是一张大木桩茶席了，林林总总，放置着各种茶杯茶具。

陈兄问我平时写字否？我笑，还是读字帖更为多一些。最近在看苏东坡与文徵明的字，苏东坡的字沉郁醇厚，与阅历有关，如同一杯老茶，早已不再伶俐老辣，而是内敛凝重。文徵明的字呢，有着江南绿茶般的轻盈，但是，又是有内在骨力的，更接近于岩茶中的水仙之类。

不觉间，雨下得细密了许多。我们进到一座老宅子内，坐下来，喝茶，谈话。山脚下，十三陵边，来自南方的明代建筑，斜风细雨，喝着陈兄的陈年普洱。陈兄的夫人翁莲姐一袭中式的红色衣衫，端坐于古琴前抚琴。

老宅子空旷，不需要音响，音效已经很好。古人弹琴，更多的是表达内心，并不是为了娱乐众人。翁莲姐显然已经明白此中奥义，一曲《忆故人》，弹得深情缱绻。“尊前谁为唱《阳关》，离恨天涯远……海棠开后，燕子来时，黄昏庭院。”

一曲完毕，满座寂静。唯有雨声如注。此时情境，非常符合明代人许次纾在其《茶疏》中谈到的饮茶场景——“轻阴微雨”。且是在如此古老的明代建筑里。

我为大家分享自己近些年来习茶的心得以及对于中国传统文化美学的认识。我对于茶的喜好，源自于几年前的武夷山之行。彼时，所饮之岩茶味道、香气、茶汤的变化，漫山遍野飘浮的青草味，街衢间荡漾的茶香，连同武夷山的寺院、道观，令我第一次真正意义上迷恋上了一杯茶。

从武夷山回到北京，开始大量接触饮茶的朋友，同时，亦开始从源头入手，在工作之余，研读陆羽的《茶经》，宋徽宗的《大观茶论》，蔡襄的《茶录》，以及明代人的谈茶著作。对比研

究了日本的茶道文化与韩国的茶文化，在脑海中横向和纵向构建起了中国茶文化发展的脉络与坐标体系。

即便是放在当下的时代来看，陆羽也是一个非常酷的人。生长于寺院，流浪于社会，交结于僧侣、诗人与文豪，因撰写《茶经》而天下人皆知。不愿意进入朝廷做官，不为功名所累，只愿栖身于一杯茶中，在溪边筑茅屋，来往皆是名僧高士，谈宴永日，从心而活。

从心而活，聆听内在的声音。陆羽活得比谁都要豁达。

这正是陆羽令我感动的地方。《茶经》本身的文字风格其实非常客观冷静，不煽情。唐代的交通当然是异常不便，山水迢迢，陆羽用自己的脚步去到山一重，水一重的地方，品评水质，试茶，事必躬亲。

我常常想，陆羽身为弃儿，又由师傅在寺院中抚养大。赶上了安史之乱，他应该是早已洞悉了人生的幻灭与虚空吧！就像他在短短的自传里写到的那样："往往独行野中，诵佛经，吟古诗，杖击林木，手弄流水，夷犹徘徊，自曙达暮，至日黑兴尽，号泣而归。"

如同一个孤独的浪人。他把自己的孤独，安放在了一碗

茶中。

孤独的人，却是用情最深。陆羽道："及与人为信，虽冰雪千里，虎狼当道，不衍也。"一旦与朋友有所约定，一定会准时赴约，无可阻挡。

反复研读《茶经》，陆羽在我的心目中，不是一个历史人物，不是赫赫有名的茶圣，他是那样一个活生生的人，独孤、脆弱、敏感，有着触手可及的温度，如同一碗碧绿的茶汤。

孤独，如一碗唐代的茶汤。

我絮絮地讲这些话。脑海中几乎没有思索。话语像天上的雨，细细密密。大家听得认真，不觉，一个小时的时间过去。

陈兄设宴款待我们。吃饭的时候，我却是话语最少的。不善应酬交际，不懂得讲客套的辞令。曾有朋友说，我的性格太过于孤冷，看不出情感温度。

真正懂的人，自然会懂吧。不懂的人，也不必费口舌去解释。就如茶，真正懂茶的人，端起茶杯，轻啜一口，心中对茶的评判已然有七八分。

茶是无所期待的。终究，无论遇见抑或是错过，都是缘。

茶音：尺八一寸念三千

厚重，宁静，克制的热情。喝这款茶，最适宜尺八的吹奏。

小满节气头一天。晨起，听着《蝴蝶夫人：晴朗的一天》片段。小提琴演奏的乐音，只觉得甚是优美。反反复复，循环播放。

前几日，观看王超导演的电影《寻找罗麦》。电影中，罗麦前往藏地的旅程，便是以此歌剧作为背景音乐。西藏的皑皑雪山，起伏山路，转经筒，五色风马旗，普契尼的歌剧，于电影中极为混搭。

窗外，有人在楼下花园里散步。牵着一只毛发金黄的大狗。殷勤昨夜三更雨。现在，天空照例是阴沉的，浅灰色。昨夜与玉龙寺家人相聚，内心欢喜。多喝了几杯酒，头脑尚有些昏沉。只听到隐约的唰唰雨声。白杨树和枫树绿意堆叠，如同山峦。

窗台上，种在匣钵里的粉红色的三角梅

落了两朵。

对三角梅这种植物有着无可替代的喜爱。在云南大理旅行时，看到大片的粉色三角梅盛开，在石墙的一侧。后来，去到缅甸的寺院，也看到成片的三角梅。但是，颜色似乎更加深沉浓烈一些，接近于猩红色。

匣钵是北宋时期的，粗粝，缺了一个边儿，有烟火烧过的痕迹，亦略有残损。它的美，只有真正懂得的人才会感知到。这是燎原的气息。它的美看起来是如此漫不经心，但是，却不可小觑。

在宋代，它被用来烧制建盏。宋代人饮茶，多用建盏。建盏就是装在匣钵里烧出来的。

此前，曾经用匣钵种植铜钱草。它的古朴之意，与铜钱草的嫩绿生机，形成赫然鲜明的对比。

下午，任兄按林携尺八来访。按林，取安于山林之意。他希望自己有一天可以离开都市，过一种隐于山泉林间的生活。按林兄刚刚请了一根新的尺八。尺八制作对竹子有着特定的要求，完全取自天然竹材，每只尺八对于年限、节数、长度与比例皆有具体要求，亦都有自己的样貌性情。

这是一种一千多年前的古老乐器，音色苍凉、空灵，亦恬静，有着不可言喻的玄妙美感。

民国僧人苏曼殊，有“春雨楼头尺八箫，何时归看浙江潮？芒鞋破钵无人识，踏过樱花第几桥”的曼妙诗句。“契阔死生君莫问，行云流水一孤僧。”想来苏曼殊亦应该是吹尺八的个中高手。

尺八是唐宋时期的乐器，亦是隋唐时期的宫廷雅乐乐器。崖山之后，南宋灭亡，尺八的流传逐渐减少。当年有日本僧人前来中国学习，将尺八带回日本，如同宋代寺院的仪式仪轨一样，亦在彼国得到良好传承。时至今日，奈良东大寺的正仓院中，藏有八支唐代传过去的尺八。

一年前，我和按林兄同样拜日本明暗对山流派尺八大家塚本竹仙为师，修习尺八。塚本竹仙吹奏尺八有几十年的时间。日本尺八流派众多。明暗对山流在日本亦是一个古老的尺八流派，如同花道的池坊流一样。

上了数节课后，老师教导我们一直要练习吹气。每节课，先打坐。闭上眼睛，观想呼吸。然后，再练习吹奏。尺八被称为是吹禅的艺术。学习吹奏尺八亦如修行一般。初学者，对于气息的把握极难。想吹出声音都非易事，需要反复地耐心练习。

一尺八寸，一念三千。吹无虚断，一音成佛。学习尺八，对于心性，是一个极大的考验。更像修行。一个人练习吹奏是枯燥的事情。不似插花，或者习茶，有更为具体的练习对象。吹奏尺八，始终是与自己的心对话。练上许多时日，始终吹不出声音，委实是很让人崩溃的事情。

说来惭愧，我习茶以后，对于尺八的练习便懈怠了许多。断断续续。但是任兄一直坚持上课。极为用心。

我们二人先喝茶。第一道是存放了四年的白牡丹，白毫颇多。用白茶的工艺制作，用的却是广西的茶青原料。它的口感较之普通的白茶更为厚重，甫一入口，口腔内便是香气馥郁饱满。十道之后，茶味方变淡，变得愈加甘甜。

这款茶，由九江能人禅寺监制，已经忘记了是如何的机缘到了我的手中。初打开包装时，并未认识到它的奇妙。直到冲泡时，才惊为天人。

厚重，宁静，克制的热情。喝这款茶，最适宜尺八的吹奏。

第一道茶毕，按林兄取出尺八，为我吹奏一曲。能听得出，他的气息的连贯性，较之以前，长进很大。他全神贯注地吹奏，我阖上眼睛聆听。仿佛置身于生命的辽远旷野，生出不知江月照何人的喟叹。

一休和尚有许多关于尺八的诗句，禅机隐现。譬如，“见闻境界太无端，好是清声隐隐寒”。

喝第二道茶，从客厅茶席转换到榻榻米上。可以看到窗外层叠绿树的婆娑枝影。闹中取静，心意闲适，仿佛置身山野间。

第二道茶是武夷山三仰峰的水仙。换了一把宜兴营好小兄所做的柴烧紫砂壶。“工欲善其事，必先利其器。”泡茶亦然。这把柴烧紫砂壶，器形饱满，古意中又不乏天真。向火的壶身部分呈现出一种火红色。落灰的部分，则是色泽凝重斑驳。这就是柴烧的魅力。不可期，不可测。全然的天意天成。

两人所用茶杯亦换成明代德化的象牙黄白瓷杯。初饮茶时，购置了一些大的茶杯。随着对于茶的研习愈加深入，渐渐不喜大杯喝茶。终究有明人所言的“牛饮”之嫌。茶席之上，大杯饮茶过于豪放，与明代以来的传统文人茶气质向左。唐人煎茶，宋人点茶，所用茶具，另当别论。

小杯品茗，更能得品茶的幽微乐趣，更具雅意。

这道正岩的水仙，焙火恰到好处。头几道，是明显的火香。

但是经过两年的存放，火气早已退去，变得温和。喝起来亦是不焦躁。茶汤滑润，几道过后，水仙本真的味道，便开始显现出来。香气幽微，细密，绵长，如空谷幽兰。细细品来，亦带有些许青苔的味道。

推杯换盏间，聊一些话题。

聊起他最近听过的讲座，聊起文字、历史与古建筑，还有吹奏尺八的体会，以及最近看的书。

前几日去朱家角古镇，站在花园檐廊下，我感觉自己对这里似曾相识，有一种深深的熟悉的感觉。按林兄认真地说，估计我的前一世，或许是南方人吧。

我笑。为他再续上一杯茶。每次去到苏州，流连在茶坊酒肆间，我涌起的又何尝不是这种感觉呢！

所谓朋友间的心意相通，大抵如此吧。

茶席：槿花一日自为荣

作为茶席之花，它符合东方茶道思想中推崇的审慎与谦逊之美。

10 月的京都，变成了一座雨之城。白天下雨，晚上也下雨。住在鸭川旁边的旅馆里，每天早上，总是被唰唰的雨声唤醒，简直要让人产生一种梦里不知身是客的感觉。

日本茶道传承 600 年，京都则有日本茶道三千家的茶室，但我这次是要从京都驿乘坐公交车去晴明神社，冒雨寻访晴明之井。晴明之井是日本茶道大师千利休在被丰臣秀吉赐死之前，最后一次取水点茶之处。千利休死前说过的一句话是："生涯七十载，砥砺复琢磨。"砥砺琢磨四字，道尽千利休身为茶人对待茶的审慎态度。

雨中，神社和屋的墙脚下，紫色桔梗或盛开或萎谢，如同生命之轮回。数百年之后，那口井依然在。苔痕斑驳，古意盎然。水流如同银白色锦帛，绵亘流淌。低下头去，掬

厦门　在朋友梓铭的熙园篆刻艺术工作室饮茶

起一捧水，送进嘴里，甘甜中带着丝丝凉意，直抵内心深处。

是千利休曾经用过的水啊，不由升起一阵一阵的感动，如同波心荡，冷月无声。

“这世上，只有美的事物能让我低头。”这是电影《寻访千利休》中的一句台词。这部电影，反反复复，不知道看了多少遍，对千利休所倡导的日本茶道侘寂之美，自以为已经心领神会。深夜的晚上，一个人看，捧着一盏热茶，时常看得惊心动魄。春雨如注的庭院，樱花缤纷落下，茅屋，竹篱笆，石灯笼，每一样都是我喜欢的。万籁俱寂的深夜里，恨不能生在那个时期，拜千利休为师，学习茶道。

看这部电影，才知道有一种花叫槿花。“松树千年终是朽，槿花一日自为荣。何须恋世常忧死，亦莫嫌身漫厌生。”唐代诗人白居易则以花为喻，写下了这样的诗句。

电影中的镜头。狂风，海岸线，翻滚的白色怒涛。追兵层层包围了海边的茅草屋。他递给她一张宣纸，上面是一句诗句：“槿花一日自为荣。”递给她。她的目光有些惶惑不解。他用毛笔继续写：“何须恋世常忧死。”她明白了什么。坚定地点点头，温婉的目光，无限平静。她服毒而死，仓促而亡，只遗留下一只绿釉的精制茶仓。她对他讲，请您好好活下去。他听不懂她在说什么。也只有点头。

她的身体猝然倒下去，如花之凋零。那朵竹筒花器中的枯萎的木槿花，却已经全然绽放开来了。

她是高丽国的公主，他的初恋。他则是被后世称颂为日本茶道之圣的千利休。但是，那个时候，他还叫宗易，只是一名普通的鱼商之子。他对她一见倾心，要拯救她于险境，却终究未能逃脱宿命的安排。

此后，她一直栖居在他的心里。他成为名闻朝野的大茶人，被御赐名千利休。他成为权势者丰臣秀吉的大茶头，打造黄金茶室，主持北野大茶会。风光一时无两。那只绿釉茶仓，他一直贴身保存。海边的那朵木槿花，亦是一直在他心里生灭。他发展了侘寂美学，修筑待庵，成为日本第一宗匠，达到了在当时几乎是作为茶人可能达到的巅峰，直到在70岁的高龄，被丰臣秀吉下令剖腹自杀。

千利休原可免于一死，只要他肯交付出那些珍贵茶具，包括那只绿色小茶仓，便可安然度过余岁。但是他不。“驱动天下的，不只是武力和金钱。”“这世上，只有美的事物能让我低头。”茶于千利休，已经不只是休戚与共的存在，而是一种生命的态度，甚至超越了生死。正是这种对美的执念，让千利休成为千

利休。他的一生，也都献给了眼前这一杯茶。

两人遇见，彼时，她是被掳掠到日本的高丽国公主，不懂日文。他对朝鲜韩语也无知晓。最后的交流，居然是凭借了白居易的这首诗：“泰山不要欺毫末，颜子无心羡老彭。松树千年终是朽，槿花一日自为荣。何须恋世常忧死，亦莫嫌身漫厌生。生去死来都是幻，幻人哀乐系何情。”

白居易的诗在日本与韩国一直备受推崇，流传甚广。木槿花朝开暮谢，异常短暂，如同生命的脆弱不堪。影片中的槿花花瓣素白，朴实无华，不事张扬。作为茶席之花，它符合千利休茶道思想中推崇的审慎与谦逊之美。但是，当它盛开，即便只有短短一日，也是盛开过，好过朽腐苟且一生。盛开的意义与价值，就在那个短暂璀璨的瞬间里。“槿花一日自为荣”，这句诗里，蕴含着怎样的生死秘密，又包含着怎样的禅机。人生的美，也是蕴含在这“花开一日犹自为荣”的意蕴中吧。只要盛开过，便会自有那个瞬间的闪耀与光彩。

《五灯会元》中记载道：“问：‘如何是和尚家风？’师曰：‘满目青山起白石。’”“问：‘如何是灵泉境？’师曰：‘枯桩花烂漫。’曰：‘如何是境中人？’师曰：‘子规啼断后，花落布堦前。’”“问：‘如何是清净法身？’师曰：‘红日照青山。’”青山白石，春花烂漫，子规鸣啼，花落阶前，乃至白云出岫，红日临照，无不是禅机禅语。“青青翠竹，尽是法身；郁郁黄花，无非般若。”便是如此。

当用一双充满灵性的眼睛来看待事物，事物便具备了灵性的色彩。花开花谢，四季流转，无不暗藏玄意与禅意。

白居易的诗句中，槿花是超脱的。《寻访千利休》的电影中，木槿花作为象征物，反复在影片中出现。京都春雨中，庭院里的槿花枝条，随风雨摇曳。海边茅草屋，那枝枯萎又复活的槿花，仿佛象征不舍与眷恋。待庵的茶室中，作为茶席之花的槿花，在白色方格纸窗的映衬下，格外肃静雅致。它是朴素的，深情的，含蓄的，短暂的，以及超越的。白色花瓣不争不抢，红色的花蕊却是醒目的殷红。如同千利休剖腹时流淌的鲜血，染红了的宽大的白色衣袍。所以，它又是刚烈与清醒的。“美，我说了算。”千利休穷尽一生，追求茶之美的极致，宁可为美殉道，亦不愿苟同于丰臣秀吉之流。

极致地活过，又热烈地死去。短暂如槿花，亦灼灼其华。日本花道中有“花见”一说，花见，即见花，见花即见己。

花如此，茶亦如此啊！茶见，见茶，最终，是为了遇见自己。

茶寺：慧苑寺吃茶记

茶如甘霖，落入人间，
抚慰人心。

武夷山的寺院、道观，散布在武夷山间，有时候使我觉得，这真是一个富有灵性的地方。去武夷山次数多了，甚至有时候会想，如果有一天老了，就哪里也不去了，干脆在这里找个房子，约上几位朋友，去寺院喝着老岩茶，晒太阳，聊聊天。就这样任它白云苍狗，不问世事地老去，是不是也是挺好。

如果让我在武夷山选一个理想的地方喝茶，闭上眼睛，脑海中浮现出一座寺院的模样。它是慧苑寺。

对岩茶懵懵懂懂的时候，跟一帮朋友去武夷山创作采风，其中的一站就是慧苑寺。记得当时是赵露给我们带路，这个性格开朗的武夷山姑娘，在北京做了一个叫岭秀红的高端岩茶品牌。要说我的岩茶老师，赵露可算是其中之一。喝岩茶中遇到的一些品种和工艺问题，我都会向赵露请教。她总是知无不言，言无不尽。

后来才知道，玉柱峰下的慧苑寺属于岩茶所谓的三坑两涧的核心地区，南边即是著名的流香涧、倒水坑和九龙窠。赵露带领我们行走在山间茶路上，上坡，下坡，然后再沿着一条窄窄的山路行走，一座没有围墙的寺院豁然出现在面前。

它没有围墙，或许是年久失修的缘故。它就是那样矗立在山野之中，像一位孤独的修行者，像一行散落的诗句。它矗立于山野，仿佛破空而来，又仿佛可以随时消失于山野，伴着一阵狂风，或者一场骤雨。

前面是山，后面是山，左边和右边也都是山。它依山而建，又被山包围。仿佛遗世而独立，却又热热闹闹，充满人间烟火气。

你可以说它是脆弱的，倾颓的，但是，这倾颓中又带着那么一些硬气。就像一杯上好的武夷岩茶，有骨感，有嚼劲儿，耐琢磨。

与许多华美的寺院相比，它异常简陋。三五间南向的屋子，形成一排。人们就在廊下坐着，喝茶，聊天，躲避着八月天的骄阳。他们多是当地村民，也有像我们这样慕名而来的外来茶客。白色瓷杯里茶汤颜色是浓红厚重的，看汤色，我已经能大

致判断它的工艺：足火，并且原料等级不错，内涵物质丰富。

寺院的主持天喜师父招呼我们坐下来喝茶——在这里，不如说是吃茶，更有唐宋古意。房廊下，一张红纸上分明写着“吃茶去”三个大字。这是禅宗的一桩著名公案了，在此不表。

天喜师父泡茶的器具，极为寻常，普通的白瓷盖碗，用的茶杯也不甚讲究，有白色小瓷杯，也有小巧的紫砂杯，烧水，温杯，投茶，出汤，一气呵成，没有刻意的多余的动作，更谈不上优美，但是就是让人感觉妥帖，以及一种无法用言语表达的安顿感。

或许，这就是禅茶的魅力吧。真实，质朴，贴近自然，贴近大地，茶如甘霖，落入人间，抚慰人心。

赵露说，来慧苑寺找天喜师父喝茶，一定能喝到好茶。一方面，天喜师父自己会做茶，另一方面，武夷山周边村子里的人，来寺里见师父，都会带上自己的好岩茶，以示尊重，也是一种交流。

慧苑寺附近的慧苑坑，是著名的核心产区“三坑”之一，岩茶老饕心中的圣地。这一带的茶树，基本都长在狭长的峡谷里，作为武夷岩茶四大名枞之一的铁罗汉，便是产于此地。此外，慧苑坑的肉桂与水仙，这几年也是行情愈加看涨。盛名之下，能喝到一泡真正意义上名副其实的好岩茶着实不易。

我们是过客，任来过几次，也都是过客。天喜师父却是这里的当家人，寺院虽然面积不大，却需要面对现实生活中的一切。他需要用自己的日常劳作和修行的智慧，去维持寺院的日常运行。

慧苑寺其实是一座古老的寺院，它的山门依旧保持着古朴的样貌。宋代理学家朱熹曾经在此静修，殿内的抱柱上犹有朱熹的一对楹联：“客至莫嫌茶当酒，山居偏隅竹为邻。”与朱熹同时代的诗人杜耒，亦有诗云：“寒夜客来茶当酒，竹炉汤沸火初红。”二者对待茶的态度，大抵是英雄所见略同。

初始时候，面对它的古旧与近乎衰败，会感觉有几分心疼。后来再去过几次，每次都看到天喜师父波澜不惊地泡茶喝茶，觉得慧苑寺现在的样子也挺好。无论如何，总有人在力所能及地照顾它，它也在倾力照顾着每一个走进它的人。

茶物：忘却在不知不觉间

古董茶杯茶具、木质佛像、未拆封的快递……人已经被物所累。

榻榻米上，摆着苏东坡的《寒食帖》，气势酣畅，错落参差。他在《寒食雨二首》里写："年年欲惜春，春去不容惜。"

窄窄的茶桌上，仅有一尊小小的青瓷沙弥，风格抽象。古老的钧窑花器里，插了一只苏绣团扇。扇面绣的是几枝粉红色桃花，两只蝴蝶翩然。让人想起《诗经》里，"桃之夭夭，灼灼其华"，或者是"桃花流水杳然去，别有天地在人间"的句子。

五月，刚刚立夏，阳光从玻璃窗里照射进来。抬眼往窗外看，花园里的杨树已经是绿意盎然。金光在树叶间跳跃。鸟雀啾鸣。一阵风吹过，树叶沙沙作响。

信手翻开《简单富足》这本书。关于五月，莎拉·布瑞斯纳在书里写道："当我们学习照料心灵的房间，可知现实的房间也很重要？家是我们内心的显现，创造有品质、简洁、舒适的居家环境，正是在为内在简单富足创造空间。”

她还说：“清理掉不需要或者是不想要的，是简单与秩序的最佳体现。”

这本书来到我手中，恰逢其时。五月里，我刚刚经历了一场声势浩大的搬家。不搬家不知道，原来，一个人生活，居然也有如此多的物品。紫檀条案，老榆木茶桌，泰国柚木的椅子，大量的衣服，成箱的书籍，这几年收藏的瓷器，油画，唐卡等艺术品，以及古董茶杯茶具，木质佛像，各种类别的茶叶，零零碎碎，几乎令人晕眩。

“清除内在混乱，创造秩序……”莎拉·布瑞斯纳说。这句话令我省思自己。毫无疑问，过去的几年，平静的外在下，我处在某种混乱，甚至是失控的状态中不自知罢了。不同材质的公道杯至少有五个。明代的德化白瓷杯，一次入手三只。去苏州看到苏绣的团扇，一买就是三个。各种佛像，木头的、泥塑的、瓷质的。各种花器，不同的历史时期，不同的材质，足足有十几个之多。

到处都是书和杂志，甚至有一些快递还未曾拆封。

冰箱里屯满了红酒、冰酒、各式啤酒。作为香水控，囊括了不同牌子、不同味道的香水。

……

忘却在不知不觉间，人已经被物所累。

幸好，有“简单富足”这四个字的及时提醒。

搬入新的房子，我即刻转换了风格，处理掉多余的物品。由此前的繁复，一改为简洁明快。茶席的布置，不再极堆砌之能事。空间的设计，亦是尽量留白。

我相信，这本书对包括我在内的现代人意义重大。经济的发展，让我们拥有了更多的物质，可谓“平生寓物不留物，在家学得忘家禅”。如何处理与物质的关系，其实是关乎心智，关乎灵性，亦是关乎生活的美学。

从某种意义上看，在经历了匮乏到富足的变更后，或许，需要重新审视物质，重新审视生活，重新审视我们的生命了。

“通过日常生活，我们已经学会让灵魂宾至如归的方法，比过去更能领会上天的恩典、欲望、叹息、挫折、愤怒、欣喜、

景德镇陶瓷艺术家胡春亮创作的仿明柴烧青花缠枝莲压手杯

感恩、接纳……”

确实，当我们在谈论生活这个词汇时，它不只是日常的衣食住行这般简单。如莎拉·布瑞斯纳诺里斯说过的，生活总有脏碗脏碟，如果水槽可以成为冥想静思之所，且让我在此修炼哼唱。

“祈祷与做家务，同时并行，它们总在一起。日常作息就是我们的生活方式。打理我们的家时，也在打理我们自己。”

佛经中讲五浊恶世，其中一浊，即是众生浊。众生行为混乱，处事没有章法，乱作一通，是为浊世。另外一浊，便是烦恼浊。生活中，思想混乱，乱想一通，想不清楚，产生烦恼。

一个人如果可以在日常生活中打理自己，就是心的修炼啊！清理垃圾，清理脏物，抹掉灰尘，擦干净地板，将厨房和卫生间收拾干净，消除烦恼，让一切井然有序，让世俗生活呈现出一种洁净、有控制的美感。

而这不也是我们通常讲的生活禅么？殊途而同归，一切指向内在的洁净与自知。

《简单富足》让我想起此前看的另一本书：《佛陀的厨房》。

雅量洽春風

一众修行人在厨房里砍柴、烧火、煮水、洗碗，一切保持洁净清明，一切有序进行。

修禅，真的不是泛泛说的看破红尘，或者是静思如如不动。相反，它是要让人在生活中采取行动。

苏轼说："惆怅东栏一枝雪，人生看得几清明。"清明地行动，清明地生活，清明地去创造，让生活中的每一天保持一种修行般的般若智慧，从而彰显出生命自身的尊严、高贵与美感。

景德镇陶瓷艺术家胡春亮创作的古韵粉彩佛教名山主人杯

茶琴：吴门琴音山泉茶

奇、古、透、静、润、圆、清、匀、芳……是琴，亦是茶。

苏州是一座老城。有繁花，有烟雨，有吴门琴音。

进得裴金宝先生的府邸，别有一番天地。一楼中堂兼会客厅，中间贴着楹联，条案上是兰草，古色古香，文人的雅意十足。沿木楼梯进到楼上的另一个房间，便是裴老师的琴舍兼茶室了。

靠落地窗的位置单独放置了一张矮的方桌，四个草编的厚蒲团座位。茶桌上，茶香袅袅，只是暂时不知道冲泡的是什么茶。茶席布置异常简单，只有一把茶壶，一只公道杯，几只茶盏。一只黄色的大狗走来走去，似乎对陌生来客早已经熟视无睹，习以为常。

一切都让人觉得很舒服，有琴，有茶，有狗，好像这才是生活应有的样子。不做作，不刻意，不高高在上，自然率真，这才是美本身吧。事实上，这也是吴门琴派一直主张的，古琴，是一种生活方式。弹琴、听琴，甚至斫琴，都是一种生活。琴音，在生活中，不在生活外。

说起来，这次苏州寻访古琴，差一点与裴老师失之交臂。按照原定日程，裴老师和他的琴友以及十余位学生，应该在安吉的竹林里举办雅集。每年这个时候，他们总是会去到安吉小住数日，弹琴赋歌，山泉烹茶。安吉隶属浙江，以出产绿茶而著名，距离苏州并不远。但是一来一去，也要花不少时间。

裴老师是吴门琴派的传人。吴门琴派，最早可以追溯到汉代，史载，汉代琴学大师蔡邕曾经“亡命江海，远迹吴会”，在吴地传琴十多年。初唐琴学大师赵耶利曾言：“吴声清婉，若长江广流，绵延徐逝，有国士之风。”这也是裴老师家里那副楹联的内容之一，另一侧写的是“蜀声峻急，如疾浪奔雷，快人耳目，亦一时之俊”。

裴老师从师吴门琴派古琴大家吴兆基先生，对教琴、打谱、斫琴、修治皆有建树。早在1986年，他更与吴老等名家创建吴门琴社。那个时候，会弹琴的人少，懂琴的人更少，许多人都把古琴认作是古筝。回忆往事，裴老师如是笑言。当然现在不同了，对古琴感兴趣的人，愿意去了解古琴的人越来越多。

吴门古琴演奏家裴金宝先生抚琴中

吴派琴最主要的特点是文人琴，有别于早期流行宫廷的乐府琴和后期流俗于酒肆茶楼的演艺琴。这一点，就如《春草堂琴谱》中《鼓琴八则》之“辨派”所说的，文人琴特别具有儒家思想与山林的气息。

苏州是一个有着文化传承的城市，也都有不同的文化圈子，古琴有古琴的圈子，昆曲有昆曲的圈子。“我从小实际上非常喜欢戏曲，这是受父亲的影响，他喜欢唱马连良。”我们一边说着话，那只狗走了过来，然后在地板上躺下，很惬意的样子。

裴老师对父亲的印象是一把京胡，一把茶壶，但是，他没有像父亲那样唱京戏，而是与古琴结缘，走上了古琴修习之路。那个时候他已经 40 岁。40 岁，许多人到了这个年龄，生命都开始进入所谓的中年期，开始故步自封，裴老师却以古琴开始了人生的下半场。

中国文化的东西，最讲究韵味，难就难在对韵味的表达。古琴也是如此。“这是我自己做的琴。”一边说，裴老师坐在了古琴桌前。这把古琴看起来已经有了些年头。

对于制琴，裴老师也有自己的见地：“第一，声音要美。第二，弹奏起来要顺手，琴弦如果太高，就会与人体相抗，弹奏起来会很累。第三，才是讲究琴的款式外观。”

古琴的款式有很多，最常见的是仲尼式，还有伏羲式、连珠式、蕉叶式、落霞式、凤势式、师旷式、神农式、灵机式、响泉式、亚额式、列子式、鹤鸣秋月式及宣和式等式样。主要的差别是在琴额、颈部和腰部、尾部的线条造型有所不同。他指着面前琴桌上的古琴："像这款，就是伏羲氏。这把伏羲式的款式，比故宫里收藏的唐代那把伏羲氏的款式还要老一些。唐伏羲比这个大一点，这里还有两个弯弯。"

裴老师告诉我，古琴样式大约有一百多种，形状大同小异，差别在于直线与曲线的变化。古琴的外形之美，就在于直线与曲线的变化。

《五知斋琴谱》中也曾写道："琴制长三尺六寸五分，象周天三百六十五度，年岁之三百六十五日也。广六寸，象六合也。……凤沼长四寸，以合四气。其弦有五，以按五音，象五行也。"古琴的琴体各部位象征着天、地、气、八风、五行、四气等，体现着一种自然之美。

他指着自己做的另一把琴："这就是仲尼式。"乍一看，像一把老琴，大约有三四年的时间。

话题反复回转，又回到刚才谈论琴音之美上来。古人对于古琴的声音之美，是有评价标准的，那就是"奇、古、透、静、

润、圆、清、匀、芳”。这就是通常所言的古琴的九德。古，是指琴的古意，人琴俱老，不浮躁；润，声音如像有包浆一样；透，琴音不闷；圆，好声音都是打磨过的；清，琴音没有破音，与“浊”相对，弹琴的人要清，琴也要清；匀，琴音高低音匀称；芳，留有余地，意味深长。

天色将暮，裴老师谈兴仍浓，他对坐在旁边的女儿裴琴子说：“我们一起弹奏一曲吧。”裴琴子受父亲的古琴熏陶，安静闲适。“渭城朝雨浥轻尘，客舍青青柳色新。劝君更尽一杯酒，西出阳关无故人。”他们弹奏的是老《阳关三叠》。一开始流传的都是清代的琴谱版本，后来发现了明代的琴谱版本，明代的版本比清代的版本要更为古朴一些。

父女二人边弹奏，边絮絮吟唱，果真是古意盎然了。

茶佛：菩萨的微笑

金、元的钧瓷，南宋的耀州瓷……一时摆得满满当当，干脆在佛头前也见缝插针。而那佛头，也依旧是一副毫不在意的模样。

搬了新家后，原先放在缅甸花梨木条案上的一尊泥塑菩萨头像，被安置在了临近窗户的茶席一角。这座北魏风格的佛头就这么被随意放在了地板上，靠着暖气片，左边是一只山西的酱釉罐子，右边是宜家的落地灯。然后是各种花盆，一个塑料花盆里是石榴树，五月里买来时，还开着近乎妖艳的猩红色石榴花，出差十几天，没有及时浇水，已经一命呜呼，只保留了萧索枯枝。另一盆是栀子花，也难逃厄运。宋代建盏匣钵里稀疏的铜钱草，曾经盛极一时。老榆木茶席上的漳州水仙，年前几十朵花同时怒放，花香袭人。年后回来，花期过后，徒留紫砂盆中茎叶盎然，有的叶子耷拉下来，有的挺立依旧，居然有一种草长莺飞二月天的气象。

零散的茶具越来越多，来喝茶的朋友也

北京　蟠龙茶室一角

是一拨又一拨。为了泡茶时方便，干脆把十余只茶杯、大漆茶盘，连同盖碗、紫砂壶等信手就放在了佛头的面前。有时记起来，就会在心里念叨一句：叨扰您啦！但是大多数时候是忘记向它致歉的，只顾着泡茶、喝茶的快活。

花器也渐渐多了，朝代莫名，也真假莫辨的青铜，金、元的钧瓷，南宋的耀州瓷……一时摆得满满当当，干脆在佛头前也见缝插针，放了一只古朴的现代柴烧花器，几乎要贴着佛头的鼻子了。花器里面随意插了一把杜鹃枯枝。大约两周的时间，那枯枝居然真的打苞、抽芽，枯枝疏朗有致，嫩叶星星点点，枯寂与新生命互为映衬。其中的几枝，试探着去贴近佛头的额头与耳朵。而那佛头，也依旧是一副毫不在意的模样。

日常生活中，能有一尊菩萨陪伴，是一种福报吧。不需要刻意去礼拜它，润物细无声般的存在。就是这样淡然的存在，这样淡然的微笑，让人心中安顿。有时坐在我对面喝茶的朋友，喝着喝着茶，突然就安静了，一句话也不说。半晌，才悠悠然道一句：你旁边的这尊菩萨头像真美，真安静。

不曾皈依，也不是佛教徒，但这丝毫不影响我对寺院、佛法与佛像的热爱。去东南亚国家旅行，尤其是泰国、柬埔寨、缅甸、老挝，让我最羡慕他们的，就是那些随处可见的庙宇和佛像。大大小小的庙宇，随处可见，就是这么自然而然的存在，华美的，朴素的，在闹市区，在街角，在路旁的某一个角落。看到它们，不一定非要跪拜，但是心里，却有一种原来你也在这里的温暖和会心。

某一年，和意如等朋友去到了琅勃拉邦位于湄公河边的寺庙里，彼时，天空下，寺庙中正开满了粉红色的三角梅，如缨如络。风吹过来，粉色花瓣如落雨纷纷不绝。清迈苏可泰的古庙遗址上，那么多尊佛像耸立，无一例外的残损，数百年的栉风沐雨中，佛像早已是黑与黄的斑驳颜色，雕刻也并非精美绝伦，却让人的内心生起一层一层满是恭敬的涟漪，如同佛像前那一方开满莲花的水池。

2017 年第一次去京都旅行，便觉得这是自己生命中的城市。仿佛若干年前初到拉萨，你便知道，无关日光倾城，前世中的某一世，你属于这里。在京都，几乎每天都在走路。一个人走路。那些唐宋时期的寺院，让我感觉到一种近乎绝望与窒息的美。白天的金阁寺和龙安寺，尽管雨天里也是游人如织，望着金阁寺湖面上的落雨，心里知道，这座寺院是我的。坐在龙安寺廊檐下的木台阶上听雨，看枯山水的白砂与黑石，看那道墙，看青灰色的石子，耳朵自动隔离了其他人的言语嬉笑，恨不能即刻与这雨、这白砂、这黑石融为一体。

白天看不够，晚上继续走路。从酒店坐公交车到清水寺。

下了车，撑着一把黑色雨伞，在雨中前行。清水寺在黑暗中闪现隐约轮廓，过了清水寺，沿着石板路，邂逅了另一座寺院。一条甬道上去。两旁的店铺已经打烊，只是一片静寂。那座唐朝样式的木质寺院，就这样突兀地耸立在我眼前。那一刻，我的沉默如海。

也忘不了第一次在敦煌的榆林窟看到水月观音时候的冲击。青绿色与金色混合的古老色调，美得让人忘记了呼吸。

那黑暗洞窟中存在的壁画，如同一道沉寂的光亮。

前世的某一世，是一位修行人吗？如果有人这么问，我只能回答，或许吧。前世的事情，有几人能知晓呢？这一世，是一位修行人吗？我亦不知如何作答。当大多数人将修行二字常挂于嘴边时，我对修行二字，却是不再轻易启齿谈论，更加珍而重之。

但是，身在尘世间的我，是真的喜欢、敬慕那些菩萨啊！实则，我对于菩萨蕴含的教义所知甚微，但是那一张张清明而超脱的面庞，欲说还休的神态，一定是隐藏着人生的某种奥义吧！没有一颗清明与超越的心，身为凡夫俗子的我们，怎么会雕刻出如此超越世间寻常之美的塑像呢？

一个人的面相是相由心生，一个人的作品也是如此吧！那个曾经结缘我这尊泥塑佛头的朋友，后来在我的生命中消失不见了。我们相识时，他有志于佛造像的创作，对于佛造像的创作，也颇有自己的见地，但是生活正处在某种低谷，辗转，近乎流离失所。后来他似乎想通了什么，不再以创作为业，进入别的领域，联系渐少，情感终究淡漠。

当我在键盘上敲下这些文字，不经意间回首看到那座佛像。一缕阳光透过玻璃窗，照在它的额头上。它依旧在微笑着，不知岁月既往。

菩萨只管微笑，世人才会徒自烦恼。

幽玄：川端康成的茶壶

“这只茶碗的黄色带红釉子，的确是日本黄昏的天色，它渗透到我的心中。”

看过一张图片，是川端康成的旧藏，其中最令我感兴趣的，是他收藏的将近20把茶壶。

在日本的茶道中，茶壶分为两种，一种是煮水用的大铁壶，一种是泡茶用的小壶，后者就叫作急须。

急须都有一个侧握的横柄，通常壶柄比较短促。急须在日本茶道中比较流行，近些年，也有一些国内的匠人开始制作急须。其实，它本身即是来自于中国的福建，大约是明末清初，福建沿海一带的僧侣与文人东渡日本，将其带至日本。

某一年，去苏州的寒山寺，在寒山寺旁边的一家茶馆喝茶，闲谈间，主人得知我在研究中国茶文化，临别之际，便慨然送我一把以宜兴紫砂做的急须作为礼物。再三推辞，只好收下。

回到北京，却是一次也不曾用过。这把急须似乎根本不是为了使用而制作的，薄薄的紫砂壶身，肌理很是漂亮，但是短促的壶柄非常容易烫手，壶柄真的太短了，手握不住，用不上力气。

用过一两次，或许是缺乏训练，每次都是战战兢兢。它的制作，似乎只是为了展示一种技术，而不是为人所用。

急须的材质，有金、银、铁、陶瓷等，奢华的会用象牙作为壶柄。至于烧急须的窑口，在日本有几个比较著名，如萩烧、乐烧、常滑烧等。

川端康成收藏的这近 20 把急须，看材质以陶瓷居多，有绿釉水、黄釉、褐釉，也有壶身烧出开片的感觉，总体而言，他的收藏偏向一种古朴的美感。

作为日本文学界的泰斗，川端康成的文学创作充满一种日本传统文化中的物哀美学，无论是《雪国》《古都》还是《千只鹤》，莫不如此。

吸引我的还是他在文学作品中对于日本茶道的精准描摹。

尤其是《千只鹤》中，他干脆让主人公以举办茶会作为故事的开始，整个故事围绕着茶道展开。点茶、茶道具、旧的茶室、室内挂画、窸窸窣窣的和服身影，树、雨水、露台、枯山水的庭院，水流声，还有未眠的海棠花……无数的要素叠加，构成了日本茶道幽闲素朴的美学。

“这只茶碗的黄色带红釉子，的确是日本黄昏的天色，它渗透到我的心中。”单单从《花未眠》中这句话来看，川端康成的确如他所言“在根底上是东方人”。

看过他的另一张照片，年轻的川端康成与姐姐、妻子坐在一张茶席上，小炕桌旁三人盘腿而坐，川端康成的背后，是茶室的木头廊柱。从茶具布置来看，是采用日本煎茶道的饮茶方式，而非点茶。

他对茶道之内的古美术的热爱，堪称狂热。

他收藏有宋代的汝窑青瓷盘，是日本存世的宋代汝窑瓷器。拿到诺贝尔文学奖的奖金，尚未捂热，他便飞奔至古董商处，买下了心仪已久的富冈铁斋屏风。

“美是亲近所得。这是需要反复陶冶的，比如唯一一件的古代美术作品，成了美的启迪，成了美的开光，这种情况确是很多。”川端康成在《花未眠》中写道。

他的茶室里，春日挂着一休禅师的墨迹，冬日里则换上浦上玉堂的《冻云筛雪图》。

他写作的几案上，有朝鲜李朝时期的笔筒和水滴，有江户时期的志野烧筒杯，有镰仓时期的三股杵。

如果让我选择一位日本的文学家，在春日午后的京都山里，与之喝茶，交谈，我不会选三岛由纪夫，也不会选太宰治，这两位，尽管都是天才式作家，但是，身上的戾气太重了。一个是丧美学代表，一个有恪守极端的武士道精神。丧美学就像是一款后期储存不当色香味皆失掉的绿茶，而极端的武士道精神，是不是有几分像火功太高的乌龙茶？一番急火后，内在物质尽失，只有焦躁的炭火气息，失掉了茶的本质。

川端康成已经是一款温润干净的老茶了。他甚至收藏有金农的《墨梅图》。瘦梅一枝，挺拔向上，疏落繁花，险峭安妥，流露一种无心的风姿，像一位年事已高的长者，却风雅依旧。

这样的一个人，内心怎会不平和温润，清幽寂静。

或者，如川端康成自己所书的：深奥幽玄。

建盏：欣于所欲，暂得于己

拿在手里，沉甸甸的，
仿佛捧着一盏宋代岁月。

每一个茶人，谁的手里没有几个建盏呢？尤其是老建盏，几乎是资深爱茶人的标配。

作为饮茶器具，建盏的高光时刻是在宋代。宋代的饮茶方式是点茶，陆游在《临安春雨初霁》一诗里写：“矮纸斜行闲作草，晴窗细乳戏分茶。”分茶，就是点茶的意思。唐代的煎茶，宋代的点茶，明代的沦茶，三个不同的历史时期，不同的饮茶方式，造就了不同饮茶器具的盛行。

为何建盏在宋代会盛行？其一，从实用主义的角度看，宋人点茶，对茶汤的审美是“以白为贵”，建盏的颜色通常会偏深沉，黑色、褐色、灰色等居多，颜色深沉的釉色，最能衬托出茶汤的洁白。其二，宋代王室笃信道教，太极图里的黑色与白色，正体现了

道教里阴阳平衡、道法自然的哲学观。其三，宋代讲求极简主义的审美，它一洗盛唐推崇的大红大绿、浓抹重涂、五色斑斓，只留下了古朴与纯粹，以及某种极致。

一场与建盏有关的美学茶事在宋代铺陈漫延开来。王公贵胄引领时尚，文人雅士推波助澜，平头百姓附庸风雅，闻香、挂画、点茶、插花，宋代人的生活美学，至此到达一个高峰。

所以，于我而言，有时候会感觉，在观看或者把玩老建盏的时候，无论是兔毫盏，抑或是油滴盏，都如同和得道的道人对话。每一根毫，每一个斑点，似乎都幽深玄奥，暗藏神机，让人梦回大宋。

若干年前，第一次接触到建盏，还是在武夷山，在水吉镇的芦花坪，过去这么多年，我依旧清晰记得这个名字。参观完宋代烧制建盏的龙窑后，又去村长家里看他收藏的建盏。夏日炎炎，坐在村长家的客厅里，我们吃着西瓜，剥着莲子，等村长拿出他的藏品。

所有人都目瞪口呆——他拿出的不是一只，而是一箱！紧接着，又是一箱！无数只前所未闻、前所未见的宋代建盏，就这样出现在我们的面前。

太美了！看到这些来自宋代的尤物们，我才明白什么叫心碎到不能呼吸。这些几乎是馆藏级别的宋代珍品，随便拿出一只都会倾国倾城，就这样被放在普通的木箱子里，乏人问津。

语言是苍白的，我只觉得自己发抖，发颤，发慌。我已经不想听村长讲什么80年代香港人、台湾人花掉50块、100块人民币就能买到一只品相完整的建盏的故事，也不想听他们当年是如何东藏西躲避开警卫线去挖取这些地下珍品的。

我的眼里只有那一只只建盏，鹧鸪斑、兔毫、油滴，既流光溢彩，又古朴持重，那就是宋代才有的风华啊。日本的正仓院、纽约的大都会博物馆，都藏有它们的同类，被视为人类的文化财富。

村长把它们一一收起，我怅然若失。

一个插曲是，欣赏完村长的珍品，他饶有兴致地带我们去寻宝，找寻建盏残片。“用不了几年这里就要建成保护区啦！残片也不让捡了。”南方的炎热夏日，我们一行数人，跟在村长后面。山野间，草木葳蕤，烈日当头，村长大手一挥，说：“这一代在宋时，当年都是窑厂遍布的。”神情好似当年的转运使一般。

脚下都是土路，建盏残片当然到处都是，我欣喜若狂，拎着塑料袋，很快捡了半袋子，沉甸甸的。村长走过来，看了看，不以为然地摇头笑了笑：“这些残片太小了，这样吧，等你们回北京，我快递一些大的建盏残片给你们。”

我有些犹豫。留了几片在手里，其余的全都倒掉了。事实是，回到北京后，村长说要快递出的建盏残片，我后来也没有见到。对于那些被我丢弃掉的残片，也一直引以为憾。

我后来也拥有了自己的一只老建盏。它似乎是一个念想。

即便不用来喝茶，只是单单和它凝视，对望，也是一种享受。就像李白说的，“相看两不厌，只有敬亭山”。建盏的审美，因人而异，因角度而异，也因茶而异。有人爱看兔毫或者是油滴的肌理，仿佛观看一幅油画。对禅宗奥义感兴趣的人，于一杯建盏的茶汤中，领悟到了禅宗的奥义。

中国茶的审美，外形历经了唐宋明的变化，饼茶、团茶到散茶，唐代人喜欢煎茶茶汤的盈绿，宋代人喜欢点茶茶汤的青白，明代人喜欢沦茶带来的茶汤清透。建盏的时尚风行，也只在宋一朝。明代以后白瓷、青花瓷与紫砂迅速取代了建盏的位置。

今人使用建盏，虽然有表现茶汤汤色的意味在其中，但是，它自有一份沉着的厚重与古意。拿在手里，沉甸甸的，仿佛捧着一盏宋代岁月。

茶器：自是浮生不可说

是从什么时候起，自己变成了一个热爱古老物件的人，拥有了一颗老灵魂。

上午 9 点 40 分，阳光便会准点透过南向的窗户和篱笆进入室内，撒落在已经半枯萎的幸福树上，那一棵幸福树，刚搬家进来时，枝叶繁盛。一开始不懂得幸福树的种植之道，阳光晒不到，过了大半年便开始叶片脱落，新生的叶片则是轻轻一碰就会掉。

搬到靠窗的边上，已经晚了，基本上大势已去，只剩满目黑道的枯枝，一派萧索之相。有朋友来喝茶，说是家里有太多枯枝不好，影响风水，建议我扔掉。我笑，境随心转，最大的风水应该是人自己吧。遂不以为然，觉得枯枝有日本美学里侘寂的况味，与茶席上不时更换的插花倒是相得益彰。尤其是在晚上，落地纸灯的黄色暖光亮起，映衬着枝枝桠桠，影影绰绰，煞是有意境。

又过了数日，泡茶时，无意间，居然瞥

见在树的主干上生出了一丝嫩芽，这棵树终究还是有生命存在的。眼看着嫩芽一点点长大，抽枝，分生，长出新的枝叶。因为光照足的缘故，新生的叶片也不再是孱弱无力的，变得碧绿而厚实。枯树新枝，给人以无尽的启示。

茶席上的插花是要定期更换的。一来是为了保持新鲜，二则是为了应景，不同的时令，茶席插花自然也不同。现在是春天，以春天为例，春来一般是迎春，再迟些是芍药或者牡丹，北京的春天，多玉兰树。玉兰花开，或白或红，尤其是白色玉兰，银花玉雪，缟衣霜袂，气势之盛大，简直要“波撼岳阳城”了。折几枝，插在宋代的磁州窑花器里，便是春意横生。

时值2018年春初，茶席上依旧是去岁的水仙。过了年来，水仙花已经开败，却无丝毫颓然之气。青葱玉立，生机盎然。开败的花其实自有另一番美。

趁着阳光尚好，在茶席上坐下来，为自己泡一壶茶。明人饮茶，以独饮为胜境，认为独饮方可领略茶的妙处。嗜好岩茶，尤其是对肉桂情有独钟。煮水、候汤的功夫，准备茶壶与茶杯。这几年，越来越感觉到，如若冲泡岩茶，用紫砂壶才算是妙。紫砂壶的厚重沉稳，与岩茶的霸气，相得益彰。刚开始喝茶的时候，喜欢用大杯喝茶，也搜集了许多大的茶杯，韩国的建盏，清代的紫金釉杯，仿柴烧效果的粗陶杯。随着对茶认知的深入，越来越喜用小杯。明代的德化瓷杯，日本的九谷烧，晚清或者民国的素色小酒盅，容量最多三钱，用来品鉴肉桂或者水仙，皆是美妙无比。

去外地，最爱逛当地的古玩市场，无锡的南禅寺，苏州的文庙，看到心仪的杯子，一番讨价还价，价格差不多，便会收入囊中。艺术家陈琴老师曾送我几只自己在景德镇烧制的釉里红白瓷茶杯。云南昆明的张郡姐姐，知道我喜爱茶杯，从昆明来北京，特意带了一只建水紫陶禅定茶杯予我，上书“暗香疏影”四字，并烧有红色落款。

不出门，一个人除了喝茶，还可以坐在阳台的书桌旁，对着桌子上的盆盆罐罐发呆。耀州窑、磁州窑、越窑，战汉时期的陶罐，北宋烧制建盏之用的匣钵，南宋的韩瓶，宋辽时期的黑罐，元代的钧瓷花器，民国文人用过的水方……更别提还有那些江南的老瓦当，以及汝瓷的佛头。是从什么时候起，自己变成了一个热爱古老物件的人，拥有了一颗老灵魂。

这一次，从苏州赏梅回来，又带回了一包古代的砖瓦。易碎，不敢托运，只能肩背手提。

会与朋友交流这些。关于茶和器物。拍了几张图片给圣德，他迅速回我，这是吉州窑，北方窑口。“宋元时期？”我问。“清

中晚期，到不了宋元。”历史上看，耀州窑系的东西非常多，很多是民窑做工，不甚讲究。吉州窑也有仿耀州窑的。

圣德是个比我年轻的80后，结婚却早，妻子学习的是壁画专业。家里做房地产生意，但他不爱地产，爱种地，种了几十亩的果园。前几天，快递了两箱苹果给我。雪后采摘，快递到到北京，似乎带着一股北方海边冰冷的寒意。金黄色的苹果，偶尔有几只带着一抹不经意的红色。“这苹果就叫胭脂雪吧。”他大笑：“好名字。”烟台雪大，是山东有名的雪窝子。北京今年冬天没有一点雨雪，我有时会对他哀叹。他迅速发自己记录的视频过来，视频里，大雪纷纷，漫山遍野。“来烟台看雪。”他几次邀请我。“我们可以一起喝酒。”

圣德最爱的还是瓷器。他玩瓷片之类玩得早，当初为了结识烟台本地的陶瓷高手，就跑到当地的周末古玩市场去摆地摊儿卖瓷片。他比别人的价格低很多，高古的瓷片，十块钱一片让人随便挑。通过这种方式，他结识了三位陶瓷高手。最早玩瓷片这些破碎东西的时候，没人要，不值钱，他就收了很多。“现在玩老物件的人多了，我都快收不起了。”他有时候也会感叹。

他的工作室里，有汉代的器皿和彩陶等，碎瓷片有几千片，都是他自己一片一片淘来的。残损的瓶瓶罐罐一度有两百多个，

又陆陆续续出手了一些。这些物件，不能过于追求，摸过看过就知足了。但他对老物件真是有感情，他说：“我不能让这些东西只是留在自己手里，应该让更多人看到它们的美。”

他懂古玩行的规矩和行话。他认识一个福建的工兵，下洞之前都会举行很强的仪式感来祈福。“什么是工兵？”我问。“工兵啊，说得好听一点就是摸金校尉，说得难听一点就是盗墓的。”他说自己认识的工兵很少，基本都是挖窑遗址和炒地皮的。“什么是炒地皮？”我又好奇。“炒地皮就是古董行当里下乡收旧货的。”古玩行里基本都说行话，以前留下的行规和行话基本都被保留和使用着。

看上某样东西，不要轻易讲价，一讲价，只要宝主松口了，这东西你就必须要买了。讲价说明你是真心要，讲好了价格反悔不买的话，保证以后不会再卖给你东西。这是规矩。

也是一个有老灵魂的年轻人。

一边同圣德用微信交流着，一边已经泡好茶了。

或者一边喝茶，一边看书。总是有看不完的新书。曾经看过的书也要按计划重读。有从京都祇园附近书店买回来的关于日本寺院茶室的书，有《浮生六记》《庄子纂笺》《妙法莲花经》《龙凤艺术》……都在年度的阅读书目里。

看书，老老实实做笔记，喝杯热茶，大半天的工夫就这样过去了。

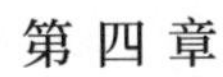

茶汤中的游心美学

持一颗安宁的心泡茶，
会给喝茶者带来一种近乎于
精神感召的体悟。

茶果：月影茶汤梦故人

茶，在中国文化的体系中，便是游心之物了。人在天地间，人在山水间，人在自然中，逍遥于天地，心意自得。

北方人若爱起江南来，那真是一种深入骨髓的爱了。这是杭州朋友，也是著名媒体人郑昀先生的话。当时听罢，只是一笑。现在想来，却真是不无道理。一方面，是江南江北时间与空间遥遥相隔产生的美，如同美人如玉隔云端一般。另一方面，北方人对江南的热爱，如我，大抵是从文学课上的诗词开始，李煜的“花月正春风”，温庭筠的“山月不知心里事”，皇甫松的“夜船吹笛雨萧萧”，乃至苏轼的“半壕春水一城花”……

江南诗词读得多了，几经熏染，便觉得自己已经是半个南方人，骨子里都是“流水落花春去也，天上人间”。至少文化意义上如此。由是，每逢春季，必要造访江南，探园、观花、赏雨，哪怕只是在平江路上走一走，信手推开一间茶室半掩的门，这成为我生命中重要的事情，如同一种仪式。否则，便觉得不够完满。

研究茶文化以来，春天到江南访茶，则更变成了一件正经事。于我，亦多了一个去到江南的冠冕堂皇的理由。“灯前欲共平生话，月落松窗梦故人。”访茶、喝茶、会友、听琴、礼佛，成为我与江南的一期一会。

苏州多古意，多深趣，多雅人。江南访茶的第一盏茶，则是从本色开始。

印象最深的一次，是在 2016 年的一个深夜。我、陈馆、冰冰，数人在本色的一间茶室喝茶。夜阑人静，乍暖还寒。犹记得，彼时喝的是一款老岩茶，滋味醇厚，入得口中，只觉有着老僧入定般的安顿。

陈馆一袭灰色布衣，晦明灯光下，他沉静的面容，亦如修行者一般自在。举手投足间，泡茶出汤的姿势动作，却在挥洒着一种老庄游心于物的自得，令人印象深刻。

陈馆正忙于本色的二期工程建设。他计划用十年时间完成一件人生作品。一座新的庭院正在建设中。巨大的石块已经被安放好在指定的位置，陈馆站在巨石远处，不停走动，试图找到更佳的观赏点。河边，一株古老的梅树正开得明艳。那株梅树，也是去岁不曾见过的。诸事亲力亲为，令他的面容有一点点劳顿之色。昨天，苏州一场大雨后，天气突然放晴，日光炽烈，他在泥水中站了十几个小时，指挥劳作，其间辛苦，可想而知。

走过千山万水，也经历过云端的万千浮华，而今，他甘愿俯下身子，让自己消融弥散于一杯茶中。

庭院里，有陈馆的十几位朋友赠送的许多棵四季果树，花木扶疏，绿树成荫。“我理想的本色庭院，不只是茂林修竹，为行走其间的人带来一片清凉，最重要的，它也是一座百果园，这个果，是树上的果子，更是因果，是我们心中的善果，是各种缘分的聚集。新庭院的打造，这是我的愿望，更是身边朋友们的绿色生命梦想，我们在一起，一步一步让心中的梦想成为真切的现实。”

茶室里，长条桌上的茶具散落，他略略有些歉意。收拾妥当，他方为我们冲泡了一道武夷肉桂，娴熟地出汤、分汤，茶的香气在空间里氤氲四散开来。

看他专注泡茶的样子，一种感动悠然升起。茶汤的样子，就是心的样子。茶汤的状态，就是你的心当下的状态。此刻，象牙黄色老德化瓷杯里的茶汤，稳健、有力、平静。作为一个

茶人，他已经迅速把自己的心从工地上的劳作状态，切换到了泡茶的状态。

在我看来，这才是一个茶人应有的样子。

历史上茶文化缺乏有序传承，加之文化的断层，使得中国茶文化复兴面临大的障碍。好在，一切都可以重新开始。回望，梳理，传承，践行，是我们这一代茶人共同的生命课题。

我是从文字走向茶，陈馆则是从艺术走向茶。本色的定位，是做跨文化的艺术交流，而一年两度的茶人盛会，已经成为本色最为醒目的一张文化名片。

有当代的油画展览，也有传统意趣的各种茶会。有柔美的《牡丹亭》，也有铿锵有力的《太鼓本色》演出。这里，有辽阔的星辰与大海，也有安静的茶汤守候。有当代艺术装置，也有年份久远、青苔遍布的石雕。有美国顶级音乐家的演出，也有热闹的市集。它的艺术气息与烟火气息，都让人神往。

茶是文化，是艺术，也是修行。何谓修行？修行即是修心。如何修心？通过践行。生活，工作，都是修行。

许多人以为，茶人就只是负责泡茶，或者是穿着漂亮的衣服，美美地拍照，然后发到朋友圈，昭告天下：我是茶人了。这种对中国茶文化与茶人的理解，万分之一犹不及。

茶人是有思想的劳作者，如同陈馆给本色的定位是会呼吸的建筑，每年种下的几十棵树，几乎成为一种仪式。这让本色成为绿意葱茏的空间，那也体现了他对道家思想的理解与践行。

七八百棵乔木，一万多株竹子，二百多万块老砖。自然、当代、文化，陈馆把这些称为是本色的魂。最重要的，本色是一座当代艺术空间，也是爱茶人的道场，它本身即是一个独立的生命体，有着鲜明的个性与生命力，人们可以在其间自在生活，举办茶会，以自己的身心滋养着这个空间，另一方面，它又以自己的生命特质生长着、生发着，滋养着那些生活于此，以及那些来踏访它的人。

“道可道，非常道。”但是，当每在春天里种下一棵树，每种下一竿竹子，每捧起一碗茶，道便产生了，人便也真正回归到了天地间。

“天地有大美而不言，四时有明法而不议，万物有成理而不说。”两千多年前，道家的庄子，即有一个观点：乘物以游心。茶，在中国文化的体系中，便是游心之物了。茶字拆解开来，便是人在草木间，人在天地间，人在山水间，人在自然中，逍遥于天地，心意自得。这，正是道家思想的灵魂主旨所在。在一杯茶中，感受着道家的道法自然，清静无为，随心而动，与天地独往来的精神契合。

这也正是我们现代人所应推崇与践行的生命观了。

茶见：饮茶，是一种留白

茶汤如镜，

照见五蕴皆空。

离开首尔曹溪寺，心心念念想喝杯茶。和刘念一眼就看到了大大的汉字“苣茶”二字。心里欣喜，对刘念说，就是这里了。茶室临街，透过玻璃窗，可以看见里面的茶具等器物。推开门进去，到处是茶具，紫砂壶，各种茶杯——韩国的茶杯，中国的老茶杯。柜台内，展架上，满满当当，到处都是茶。有两个年轻人在忙活着收拾东西。很亲切而熟悉的场景。

一位穿着韩国传统衣服的白发老者走过来，戴着眼镜，显得非常斯文。他轻言问道：“你们从哪里来？”“从中国。”“中国啊！请坐请坐。来喝杯茶吧！”他热情招呼我们在茶台前坐下。那茶台也是熟悉的，一个古老的树桩，磨平，刷了一层清漆，就像此前在马连道茶城喝茶时一样。

他坐下来，笑着问道，喜欢喝什么茶？我们说，岩茶或者是白茶都好。老者似乎有些意外：不喝普洱茶？我说，我对普洱茶的了解确实不是很深入，所以也就喝得少了。对他的意外，我非常理解。韩国人对于中国的普洱茶，接触得比较多，品饮中国茶，也大多以普洱茶为主。

那我为你们冲泡一款26年的老白茶吧！多少有些意外，毕竟，这几年，国内市场上，白茶行情一路看涨，26年的老白茶在市面上已经属于珍贵，药用价值和品饮价值都得到认可。他拿出一把老银壶，缓缓注水，将壶放在电磁炉上。等着水开的功夫，拿出两颗白茶龙珠，投放到紫砂壶内。

我喜欢喝茶，喜欢亲自泡茶，也喜欢看别人泡茶。尤其是当泡茶人不是在刻意卖弄所谓泡茶手法，或者是展现某种冲泡技巧的时候，如果一切都是随心而发，持一颗安宁的心泡茶，那么，那种宁静感，会给喝茶者带来一种近乎于精神感召的体悟。

喝茶的时候，我通常不喜欢说话。饮茶，如同写作，是和自我的一种交流。多余的话语，对于饮茶是一种打扰。在我们的日常生活里，几乎每天，在各个语境中，已经充斥着太多的话语。聒噪的，纠缠不清的，算计的，计较的，迷乱的。文件、合同、微信、电话，信息无穷尽。

饮茶是一种留白，恰如同山水画。留白，让画面更加灵动，有流动感，有生机。饮茶的时候安静，通过一杯茶来照见自己。如同日本花道中的“花见”一词。第一次看到这个词，惊呆了。花见，多好，中国的诗歌意象中，花作为文人墨客吟咏的对象。梅花、菊花、桃花、梨花、杏花、荷花、木槿……在文人墨客的笔尖和心里，这些花无一例外都是伤感的，纤弱的，充满愁思别苦的。这些花，就是文人墨客自己吧。身世浮沉雨打萍。无力也无法掌控自己的命运。只能天涯羁旅，如漫天飞絮。

遗憾啊！我们有那么多的吟咏花的诗词，却独独没有“花见”一词。花见，并非见到眼前的这几朵花，而是借助于眼前的花，见到自己的内心！由“花见”一词，我想到“茶见”，喝茶时，也应该见到自己吧。这么多年的喝茶，让我越来越感觉，茶汤，真的是一面镜子！茶汤的奥义，不只在乎于茶本身的口感、味道与滋味，如果只是满足于滋味的追寻，那么，茶与咖啡或者是可乐有何不同呢？

茶见，在一杯茶中看见自己。

眼前的安老先生正是这样一个在茶中遇见自己的人。二三十年前，他从首尔到台湾留学，结识了一批中国朋友。在学习之余，便跟着这些中国朋友去茶馆喝茶。“那个时候，台湾的茶馆特别多，街头巷尾，都能看到。”大家找一座小院子，坐

在院子里的凤尾竹和凤凰花树下喝茶、谈天，茶香在口中徘徊，特别美好的印象。

“那个时候，我就迷恋上了中国茶，也迷恋上了喝茶的感觉。”回到首尔，安先生开了一家茶室，以经营中国茶为主，就是这家位于仁寺洞的茶室，已经开了 26 年。“早些年的时候，我还经常去往中国的各个茶产地，云南的普洱茶山啦，福建的武夷山啦，当然还有去台湾采购选择红茶和高山乌龙茶……现在年龄大了，几乎不怎么出远门了。”他讲话语气淡然平和，并无任何刻意的渲染夸张，如同一款老茶，在经历了岁月的变化后，如同风平浪静的海面，深邃含蓄，不复张扬。

很难想象，眼前的安先生已经是 72 岁的高龄。

眼前这款已经 26 年的白茶，安先生说，正是他刚刚开办茶室时从中国福鼎进的第一批白茶，保存至今，作为一种珍藏的念想。自己平时也很少喝。看他泡茶的方式，部分手法采用的是功夫茶的泡法。淋壶，温杯，润茶，出汤，四只茶杯放成一条直线，持公道杯均匀出汤，反反复复，茶台上的茶汤洒得到处都是。

挑剔地来看，这样的泡茶看起来不是那么有美感。是我所理解的泡茶的初始版本。

也许因为年事已高，他真的是很久没有再去台湾，或者是大陆。这几年，随着传统文化与茶文化的复兴，大家越来越热衷于饮茶。眼见地，干泡法成为当下最为风靡的泡茶方式。我们要讲究茶席的布置，茶巾的颜色要与时令、季节搭配，讲究茶器的搭配，讲究茶席上的插花……力求简洁、利索、干净，而且充满美感，至少是一种形式和仪式的美感。对于那种泡茶时淅淅沥沥的出汤，茶台上动辄变成汪洋大海湿乎乎一片的泡茶方式，人们早已经不再认同。

这几年，当你去到马连道喝茶选茶会发现，即便是主营茶叶批发的商家，也已经认同这种精致考究的泡茶方式，不再像以前那样，泡茶时粗枝大叶，毛手毛脚。如果朋友间喝茶时，还有人用这种湿泡法泡茶，我们是会肆意嘲笑一番的。如果是陌生人用湿泡法泡茶，那么，基本上我们会把他归类到不懂茶，或者是不懂得泡茶的类别里去，心里会暗暗生起一种不屑和傲娇感。

安先生对此似乎无所了解。他依旧沉浸在那种似乎已经过时的泡茶方式中。如此专注，如此享受。他已经 72 岁，喝过的茶，也许真的比我走过的路还要多。尽管没有与时俱进的泡茶方式，但是，他在用他的方式来传播分享他热爱的中国茶，以及他所理解的中国茶文化。

宜兴紫砂壶“禅钟” 佘海平制

喝茶，最重要的是要感受泡茶者的用心。安先生是在用他对中国人和中国茶的爱来冲泡这一壶白茶。异国他乡，这份情谊弥足珍贵。仅仅这一点，安先生就值得我去尊敬，甚至是敬重和热爱的。

端起安先生冲泡的这一杯老白茶，细细品味，茶汤醇厚，回甘迅疾，心中不由泛起一阵一阵的感动，如同舌底涌起的津液一般。我时常与朋友分享的一句话是，喝茶，不只是要喝茶本身的滋味，更要学会品到茶的味外之味。这味外之味，也许是饮茶时的环境，也许是泡茶者的心，也许是饮茶者之间的交流，也许是如同禅宗的禅意，有几分只可意会不可言传的奥妙，是值得每一个饮茶人去用心体会的。

安先生平时不来店里，因为年龄与身体的缘故，店里的生意主要靠他的太太和女儿来打理，他则主要是以教授茶课为主。每周的周末或者是晚上，都会讲授茶课。学生中有年轻人，也有对茶感兴趣的年长者。

一边喝茶，一边听安先生讲他与茶的故事，不觉赞叹这一杯茶的珍贵缘分。喝茶的时间总是过得快。刘念因为要驱车返回大田，几道茶后，我们先行告退。

安先生似乎有些不舍得我们走，亲自送我们到店门口。微微鞠躬，双手合十，我们离开。再回首，他依旧站在门口处，头上白发赫然醒目。

一期一会啊！一期一会！那一刻，醍醐灌顶般，似乎领会到了这四个字的深刻含义。我的眼泪，唰就流下来了。

茶行：柏林饮茶小记

雨催眠，茶亦催眠，
今夕是何夕，今年是何年。

在柏林的第三天，与在当地的朋友约了一起喝茶。需要独自一人搭乘地铁到约定的一家日本茶室。我努力记住自己所在站的名字，以防找不到回来的路。Nollendorfplatz，长长的一串德文字母，非常拗口。从酒店走到坐地铁 U2 线到 Gleisdreieck 换乘。

我非常着迷于柏林地铁站的古旧气息。灯光暖黄，广告牌与招贴画富有创意，可以看到女运动员代言的阿迪达斯与蓬发的贝多芬，男士内裤的广告上有收紧的小腹与毛茸茸的小臂，男模特儿的一只手腕上缠着一串佛珠。裹着黑色羽绒服的年轻男子坐在冰凉的座椅上，凝视广告牌的方向，等着下一班地铁的到来。

或许是心不在焉，为周遭的陌生气息所吸引。我在地铁站盘桓许久，还是没有找到

可以换乘到 Gleisdreieck 的线路。一个瘦高个子的青年男子走过来。“需要帮忙吗？”他问我。“是的，我要去这个地方。”我给他看地铁票。“好的，我带你换乘。”其实在地铁站转个弯，就是到 Gleisdreieck 方向的地铁线路，我忽略了那个指示牌。

一两分钟后，地铁列车进站。我向他表示感谢，孰料，他跟我一起跳进了车厢。地铁车厢里的线路图较为明晰，他再次跟我确认我要去的地方，告诉我换乘的方向。在一切准确无误后，到了下一站，他下车了，跟我挥手道别。

我突然一阵感动。时至今日，我甚至已经忘记了他的样貌。

但是他小小的善举，让我对柏林这座城市又平添了些许好感，甚至是惦念。

地铁里并不拥挤，人们都安安静静的。早就听闻德国人对阅读的热爱，我扫视一下车厢，果不其然，许多人手里都捧着一本书，津津有味地看着。

与朋友约在一家小小的茶室，店主人是一位柏林人，去日本旅行时，疯狂爱上了茶道。在京都学习了多年的茶道后，他干脆在柏林开了一家茶室。

木头廊柱，榻榻米，毛笔繁体字“吃茶去”的古旧茶挂，古铜色花器里的插花，是茶室静谧的气氛。仿佛置身曾经生活过的京都。在这里，也能喝到中国茶，有铁观音一类的乌龙茶，龙井茶、普洱茶等也都有。外面还有一个小花园，撒了一层白色石子，用篱笆与街道隔开，自成天地。

刚下完一场雨，柏林的天气有些阴冷。袁与张两位朋友目前旅居柏林，他们一个来自云南，一个来自四川，马克则是土生土长的柏林人，还有来自北京的我，我们这些茶的信徒，相聚在柏林的一家茶室。

我用茶室的紫砂壶为大家冲泡了一道老乌龙茶，茶香在微冷的空气中滟滟流转，茶汤甫一入口，袁的眼泪唰地落下来。“唐老师，茶太好喝了！想家了！”她说。她的话，于我心有戚戚焉，老茶无论是类别如何，老普洱、老乌龙、老白茶，也无论煎煮，喝下去后，它的陈年气息，总会给人以一种特定的安顿感觉。它与饮茶人之间，有一种奇妙的互动应和。那种经岁月历练而转化后的樟香、沉香，或者其他木质香，总是让人熨帖、放松、打开，生发一种“浮云游子意，落日故人情”般的情愫，以及一种永恒的乡愁。

喝了一杯又一杯的茶，说了许许多多的话。异域的茶汤，似乎格外浓烈。一道又一道，滋味始终醇厚。我们聊中国茶在欧洲的现状，聊柏林人对茶的喜好，也聊到袁和张正在筹备的一年一度的柏林国际茶文化节，这对于中国茶文化的海外推广是一件善事，由他们几位年轻人来做，尽管累，却看得出来，他们是真心喜欢做这件事儿。他们此前即已邀请我参加国际茶文化节并安排了演讲环节，只可惜我的签证到期，就差那么几天。

我们相约下次柏林国际茶文化节见。

外面，唰唰唰唰，雨越下越密，润湿的凉风透过窗户吹进来，带着森林般的广漠气息。

歌德的柏林，尼采的柏林，叔本华的柏林，贝多芬的柏林……雨催眠，茶亦催眠，今夕是何夕，今年是何年。

“What my guitar wants to say...”什么时候，茶室里的音乐换成了德国流行乐，是 Scorpions 乐队的 *Wind of change*。

音乐使这个夜晚显得愈加静谧。

不舍得离开。

茶缘：曹溪寺参禅

抱着随缘自适的心，不再执着于一定要去到某一个特定地方喝茶。

在首尔青瓦台旁的一家餐厅吃完韩定食，刘念陪我再去一次曹溪寺。

他从大田驱车 170 公里来与我会面。距离我们上次喝茶，不觉已经有两年的时间。吃饭的时候，喝韩国产的一种米酒，微甜，有一种清透的感觉。感觉有许多话要说。尽管微信上也会时常联系问候，但是，人与人之间，终究见面才会更亲近。聊彼此这两年的成长与变化。我在喝茶的道路上越走越远，也出版了自己的第三本书，筹备纪录片的拍摄事宜。他则已经拿到了所在大学的教授职位，因为专业的出色与待人接物的沉稳，受到校长的赞赏与信任，也会做一些对外文化交流的事情，真是一件可喜可贺的事情。

来首尔之前，曾经列出了无数个要拜访的寺院名单。其中的一个缘起是，有一次跟雪梅姐喝茶聊天，彼时她刚从韩国寺院喝茶回来，给我看所拍的照片。其中的一张，令我印象深刻。是在海边的一座寺院，明式风格的古老建筑，窄窄的山门，一道石墙，山门外便是碧波万顷的大海。寺院本身又是建在一座山上，依山而建，寺院里，山门内外，种植着青松。一派清雅之意趣。

有山，有海，有茶，有山风、浪涛，想想都令人神往。这画面，在我脑海中始终挥之不去。无论人还是事，能在脑海中留下深刻印象的，一定是这一世或者是累世的因缘所在。就像我一直固执地认为自己的前世是一个行脚的僧人一般。

到了首尔，才发现那样的寺院是在全罗道附近。距离首尔尚有一定的距离，日程紧凑，就抱着随缘自适的心，不再执着于一定要去到某一个特定地方喝茶。对于首尔，初见甚欢。内心的声音告诉自己，一定还会再来的。

曹溪寺，这寺院的名字别具诗意。也许在古老的过去，它就是一座临近溪水而建的寺院。溪水泠泠，潺湲流动，月光照临，杳杳钟声，寂寂山林。偶尔闪现古代僧人的身影。想想都令人神往。历史上，这里曾经是韩国宗教的中心所在。

现在的曹溪寺，位于繁华的闹市中心。旁边就是游客密集的明洞。旁边还有一座大教堂，与寺院毫无违和地平行存在着。

有时在街头走过，能听到一帮上了年纪的基督教信徒如同乐队一般，在街心花园唱赞美诗与哈利路亚。灰色的鸽子就在路边踱步。头上梳着无数个小辫子的黑人青年坐在喷泉边的台阶上晒太阳，发呆。一辆又一辆的汽车疾驰而过。

紫陌红尘闹市喧，曹溪寺就安静伫立在那里，仿佛伫立在世界的中心。

它甚至没有院墙，在大街上，可以一览寺院的全貌。一株高大的树木，遮天蔽日，枝干苍劲。跨过一座象征世俗的低矮石桥，石桥下，是一池的清水。就从此岸登临到彼岸。大雄宝殿，观音殿。几棵青翠的松树下，有十余位老者坐在长凳上聊天。此岸与彼岸似乎并非泾渭分明。

我笑着对刘念说，如果可以选择，将来的某一天，我希望自己可以在一个有寺院的地方老去。听着寺院钟声，吃素斋饭，看书，喝茶，足矣。与生命中的一切就此别过。“未知生，焉知死。”这是孔子的训诫。但是，生而为人，如果能早一些明了自己终究会离开这一真相，对于生命中许多人事的看法，或许会有不一样的视角。

我们上台阶，脱了鞋子，进入大雄宝殿。带有韩式风格的设计，高大、恢宏、敞亮。过去佛、现在佛和未来佛，雄踞其间，俯瞰人世。刘念俯身拜倒，我则站立一旁，默默祝祷。拿俩垫子，我们坐下来，闭目观想。

呼吸，此刻，只感受自己的呼吸，体会内在的时间与空间。浩渺，无边无际。放下，一切执着的念想。放下，一切执着的虚妄。呼吸，安住于此时此刻，让心不再流离失所。不回望来时路，亦不为茫茫未来路所忧虑。生命，只有当下。缓慢地吸气，缓慢地呼气。如是往复。只感受到此刻的存在。

一片空空明明。不知道时间已经过了多久。睁开眼睛，仿佛已经斗转星移。

深深鞠躬，我们缓步走出大雄宝殿。一派晴天丽日。

茶心：心沉于茶，茶寂于心

口中回荡的幽幽兰花气息，仿佛隐藏着整整一个春天的秘密。

是日春分，还在安吉。节气里关于春分的说法是："一候玄鸟至，二候雷乃发声，三候始电。"

果然，凌晨时分，在酒店里，便被滚滚雷声惊醒，继而是大雨如注，敲打着屋瓦。

及至赶往杭州，已是近乎热浪翻腾。

既定的行程是先去杭州余杭区的径山禅寺，再从寺院去到满觉陇拜访有龙井茶王之称的唐小军先生。头一天接到唐小军先生的电话，道是计划有变，他要出门两天。于是，我们便直奔唐小军工作室所在的满觉陇而去。

龙井茶被誉为中国十大名茶之首，于是，盛名之下，满世界都是龙井茶：四川龙井，贵州龙井，乃至广西龙井。"楚王好细腰，宫中多饿死。”人人对明前龙井趋之若鹜，于是，明前龙井也纷沓而至。有时最早的明前龙井上市，是在春节过后没几天。

唐小军对于这些事实和传闻早已经见怪不怪。茶，是一种文化，茶也是一个江湖。有人，有利益，有纷争的江湖。身在江湖中，他片叶不沾身。

工作室内，唐小军一边和我们谈话，一边在忙着做茶。茶香氤氲四散。茶的鲜叶采摘下来后，必须立即进行下一步的加工制作。摊放、杀青、回潮、辉锅，一个步骤连接一个步骤，步步为营，直到做出完美的龙井茶。

“其实，我不太喜欢在做茶时跟人谈话，这样做茶的话人不会太专注，对茶不尊重，对茶的品质也会有影响。”他的手掌在锅内上下翻动，乍看动作都差不多，但是实际上，却是变化多端：抖、搭、搨、甩、捺……每个动作，力度不同，又有无穷变，如同太极。掌握核心的技艺后，如何根据锅的温度灵活变化，全然来自于制茶人的经验与对茶的领悟，如同武林高手。

这也是手工制作龙井茶的魅力。

看唐小军的手掌，指掌宽厚，粗壮有力，铁钳一般，一层厚厚的老茧。这是他经年累月劳作的体现，传承是他的日常。

“欲做茶，先做人。”为了将手工龙井茶的制作技艺传承下去，他也一直带徒弟。对徒弟人品德行的要求，在他看来是第一位的。做茶是功夫，更是修为。“心沉于茶，茶寂于心。”工作室墙壁上的八个字，是他对做茶境界的体悟与践行。

雨夜的满觉陇，唐小军的爱人周老师让我们真实感受到了手工龙井茶的魅力。尽管是去岁的龙井，依旧保持了核心产区龙井茶的灵魂。白色盖碗，100℃的高温冲泡，入口迅速回甘，绵软持久，愈是小口来品，愈感觉到一种不可思议。舌底涌泉，回甘轻柔，口中回荡的幽幽兰花气息，仿佛隐藏着整整一个春天的秘密。

这样的品鉴感受，完全刷新了我们对于绿茶冲泡与品鉴的认知。

直到第二天去往径山禅寺，口腔内似乎也依旧是甘美的。

茶梅：故人消息近何如

寒山瘦水，干卿何事。

从上海站乘坐高铁到达苏州站，再换乘地铁，已是下午五点左右。

出得地铁站，空气中弥荡着南方春季特有的湿润之气，如同河水的春潮初泛。润泽的空气又是带着味道的，南方有嘉木啊，那是香樟树的苦烈与芬芳。江南，如一杯春茶。

一抬眼，便看见了北寺塔高耸在略略阴沉的灰色天空里。这是座北宋时期的佛塔。每次来苏州，都会从它的石砌院墙经过，却不曾踏入寺院半步，也许是缘分未到吧。但是，看到这座塔的存在，内心便会安定。

相逢甚安。

就像初认识一位朋友，很欣赏他的性格，或者是待人接物的方式，但是，不会再向少年时期那样希望刻意地认识，炽烈地靠近彼此。有缘分，自然会走近。人生若只如初见，一面之缘的相逢，也是美好的。

寺院已经关门了。在心里向它致意祝祷后，便沿着西北街方向往东去往酒店。

沿途皆是熟悉的街景。那家小小的理发馆、曾经吃过面的馆子，还有卖团扇的店铺都在，古玩铺子也在，曾经在那里收过一只明代的木质酒杯，形制真是漂亮，朱红的大漆，年代久远，有一道细细的裂痕。

真好，又回来了！

收到苏州朋友玉辉的微信："唐老师，到苏州了吗？"心里感觉温暖。在一座陌生的城市，有熟悉的朋友，那么，你同这座城市之间便建立起了某种链接，这座城市也便有了温度。

在医院工作的玉辉特意调整了上班时间，第二天早早地赶到西北街的酒店门口接我。他开车带我去光福古镇看梅花。原计划是去无锡的惠山古镇，坐在二泉的边上喝一杯茶的。

2015 年，和一位摄影师朋友沁沁曾经去过那里。那座古镇，祠堂众多，如宋代周敦颐的祠堂就在这里。沁沁去旁边的寺院礼佛，我独自坐在二泉边的阁楼上喝着一杯当地的绿茶。用玻璃杯，茶味微苦涩，春末夏初，梅花早已开过。山间凉风吹过古老的木窗，满目温润的翠色阴凉，鸟声啾啾。

一定要去光福古镇看梅花啊。刚到苏州的头天晚上，和苏州民俗研究协会的沈建东老师和苏绣传承人李鸣苏老师喝茶时，她们便这么告诉我。光福古镇的香雪海，是有名的赏梅胜地，当年，乾隆下江南的时候，曾经不止一次去过那里。

李老师就是光福古镇本地人，在那里出生。一谈起光福古镇，话语便如她的绣针般连绵。沈老师对于苏州的掌故更是了然于心。在苏州的东山或者是西山，你随意碰到的一个人，一聊天，很可能会发现他的祖上曾经有着显赫的家世与过去，他们的先人，大多是南宋灭亡时期，从北方逃往过来的大家族。现在还能看到那些保存完好的祠堂。

玉辉的车子开得稳当，四十分钟后，到了光福古镇，转个弯，便到了香雪海。

是这样的一个所在啊。满目的梅树，层层叠叠，铺陈蔓延，几乎有十余里。梅树间的石板路，如阡陌纵横。第一次见到如此盛大绽放的梅树，触目所及，全是繁盛的梅花。银白，淡粉，粉红，淡绿。

整个人如同痴了一般。

陶渊明的文字里说，“中无杂树，芳草鲜美，落英缤纷”。仿佛第一次领悟到了这句话的含义。昨夜微雨，天空依然是略略阴霾的。玉辉有点惋惜，说天气不好。我却欢喜不已，这就是我心目中的江南了。有的梅树下，花瓣纷纷扬扬，落了一地。原来这就是白乐天所说的“乱花渐欲迷人眼”。

面对这盛大开放的一片一片梅花，整个人顿觉呆了，痴了。难怪沈复在《浮生六记》中对这里念念不忘啊！“西背太湖，东对锦峰，丹崖翠阁，望如图画。居人种梅为业，花开数十里，一望如积雪，故名‘香雪海’。”是在离开苏州，回到北京后的地铁里读到这段文字。捧着《浮生六记》在地铁里看，不觉讶然，原来，沈复也是苏州人啊！

伫立在一株梅树下，对着一朵梅花观想。佛教说得多好，一花一世界！这一朵梅花便是一个世界了，这一树的梅花，也便是太息的显现了。这朵朵梅花，便如恒河沙数般了，是无上究竟的存在啊！

那些关于梅花的诗句纷沓而至。“疏影横斜水清浅，暗香浮动月黄昏。”“一声羌管无人见，无数梅花落野桥。”“过桥南岸寻春去，踏遍梅花带月归。”还有明代薛瑄的梅花诗：“檐外双

梅树，庭前昨夜风。”薛瑄算不上是明代最好的诗人，却因为这一手梅花诗记住了他。

元代的画梅大家，当属王冕。家里客厅的茶席边，挂了一幅王冕的梅花卷轴复制品，除了题跋，尚有“会稽王冕为慧泉先生写”的字样，想来是文人间的唱和之作。最爱他的那一幅《南枝春早图》，梅树气势磅礴，枝干墨黑，遒劲有力，繁花盛开，万千气象。另一幅《墨梅图》，老梅树面皮如铁，梅花纷纷扬扬，冲天怒甲一半，几乎占据了三分之二的画面。后人在其上题诗：“城市山林不可居，故人消息近何如。”平白如话，却是情深如许。

玉辉知我心意。独自走在前面，跟我保持一定距离，任我思绪徜徉。只偶尔招呼我：“唐老师，我们可以走旁边的小路上去。”忽而，他喊我，这里有茶树呢。果然，在向阳的坡上，梅树间，穿插种植着丛丛茶树。料想，这里的绿茶也会带着些许梅香吧！可惜来得早，还不是江南那采茶的时节。

站在高处往山下回望，果然是梅花似海，走走停停，也便在这香雪海中消磨了几个小时的时光。半晌，觉得饥肠辘辘。玉辉提议去旁边的食肆吃些东西。两人各要了一份荠菜馄饨，一份当地的特色油炸萝卜丝饼。主人是当地山民，馄饨里的虾皮细小鲜美，是就近从太湖里捕捞、晒干。荠菜是自己地里种的，味道甘鲜。干脆又要了一碗，方算尽兴。

从香雪海出来，去往路对面的司徒庙。收到沈老师发来的微信，今天有一个讲座，不能与你们同行真是遗憾。

天色依旧是阴的。去往司徒庙的街两侧，是一个临时市场。当地村民在此摆摊儿，兜售一些自己的农产品之类。时令香葱、圆白菜、油菜，洗得干干净净，码得齐齐整整，一小束，一小捆。还有太湖出产的水产，太湖虾皮、银鱼、风干的鲳鱼，还有梅花盆栽、金橘树，自家腌制的咸菜和鲜红的辣椒酱盛放在古旧的酱色罐子中，一派江南特色的生活图景。我好奇，拿着相机拍个不停，玉辉只微笑，并不多说什么。出来摆摊的，大多是老人家，或许是太湖边的水土好，她们大多看起来年事已高，但是精神矍铄。和玉辉每人买了半斤小虾皮和鲳鱼。“这鲳鱼红烧了特别好吃。”卖鱼的老太太身着青灰色衣衫，笑眯眯地看着我们说。

虽非虔诚的佛教徒，却是喜欢进寺院。也并不烧香磕头，哪怕只是坐一小会，也觉得内心安顿。司徒庙是一座古老的南方寺庙，始建于汉代，重建于清末民初，里面以柏树的清奇古怪而著称。

是寺庙，更如同一座园林。雕花的窗户，月门，假山，石栏，回廊，石子路，屋瓦。某一座大殿的门口，是一株腊梅树。黄色的腊梅开得早，只剩了枝头近乎萎谢的花朵。

又看到了一大片梅树。

这些梅树，不及刚才所见的香雪海之梅树那般盛大磅礴。在寺院黄色墙壁的映衬下，却是另一番美感。蜿蜒的黄色墙壁，如同展开的一道黄色锦缎，呈现一种奇异的，甚至是近乎妖冶的景象。如同电影《青蛇》里的帧帧画面，处处幻术，出离凡间。

就像白素贞用法术幻化出了一座白府，我甚至也疑惑眼前这僧舍、这黄墙、这梅树，是否也是在无常中幻化出来的。它的美，竟如此虚幻，如此脆弱，以至令人战战兢兢。

“涧户寂无人，纷纷开且落。”只是没有僧人。幸亏没有僧人。否则，这样迷离的太虚幻境里，僧人怎可安心向佛。

用相机拍，又拿出手机拍。这美景真是摄人魂魄了，怎么也拍不够。近景，远景，特写。有苍劲的梅树，清一色的白梅。“晓来一树如繁杏，开向孤村隔小桥。”没有迷惘，没有惆怅，有的只是这天地间的绽放，逍遥游一般。惆怅是文人墨客的，梅花只管自己开放。寒山瘦水，干卿何事，只管肆无忌惮，汪

宜兴紫砂壶“清心” 魏萌萌制

洋洋恣肆地盛开。

想起威廉·布莱克的诗句：“在一颗沙粒中见一个世界，在一朵鲜花中见一片天空。在你的掌心里把握无限，在一个钟点里把握无穷。”

收藏了一朵梅花，便收藏了这一季的江南。

茶观：山色岂非清净身

创作者观照自己的心，观看者也在观照自己的心，旨趣相投，则心心相印。

更年轻些的时候，喜欢看王家卫的电影。《东邪西毒》里面有句台词：白驼山的桃花又开了。无缘由的，让我印象深刻。电影中，一切属于江湖儿女的爱恨情仇，似乎都融进了这一声轻微的喟叹里。

去过查济古镇后，每年惦记的，于我，不再是白驼山的桃花，而是桃花潭的桃花。

“李白乘舟将欲行，忽闻岸上踏歌声。桃花潭水深千尺，不及汪伦送我情。”百里桃林，落英缤纷，万家酒肆，酒旗飘摇，是汪伦的夸张，却是李白心中的诗歌与远方。

距离桃花潭不远的查济半山里，有一座一音禅院，禅院里住着一位独自修行的僧人，他就是一音禅师。

“知我者，谓我心忧；不知我者，谓我何求。”为何一次次踏访一音禅院？扪心自问时，似乎我自己也没有答案。专心修行的人，自有一种独特的能量场，就是这种能量场，吸引着我一次又一次来到山里，来到一音禅院。

或许，我就是为那种清净的能量而来吧。

尤喜跟禅师在禅院的茶室喝茶。是禅师自己设计的茶室，跃然于林木山间，浑然的木质结构，宽大的玻璃窗，窗外便是青青翠竹，水杉，各种林立的树木。坐在茶席前，看得到远山。刚刚下完一场雨，山上的云雾四合，云山雾罩，青冥色的云雾，绿色山野，青翠如洗，如同一幅山水画。

这一次上山拜访，我们到达时，已经有南京来的几位客人在座。一音禅师亲自为大家泡茶，先是老白茶，然后是一道肉桂岩茶。“今年，山里雨水多，湿气大，多喝几杯老茶。”大家一边喝茶，一边聊一些话题。在这般清净之地，在我看来，所聊的话题未免有几分琐碎，甚至是无趣，再看禅师，却是心意自得，有问必答，认认真真。水不够了便烧水，茶不够了便给每个人的杯子里倒茶。神色平和，态度谦逊。

“禅师，您的名气与日俱增，前来拜访的客人参差不齐，是否会觉得对自己的修行是一种损耗？”待到访客散去，我忍不

住问了禅师一个问题。

“哪里，我认为每个前来的人都是加持我的，都是增上缘，也都是对我修行心境的考验。”一音禅师微笑而答，“每个人都带着自己的故事而来，我从每个人的身上都学到很多。就像唐公子你，虽然每次见面话语很少，但是你的安静，也很让人欢喜。”

跟禅师喝茶，或者谈话，谈到开心处，他会信手拿起身边的尺八，或者是箫，吹奏一曲。“春雨楼头尺八箫，何时归看浙江湖。芒鞋破钵无人识，踏过樱花第几桥？”我吟出了民国名僧苏曼殊的诗句。“苏曼殊的才情啊，真是不得了！”禅师脸上露出赞许的表情。

一阵清凉的山风吹过，带着山间草木特有的芬芳气息。

聆听着那样的音色，简直让人有出尘的意味了。卢仝在《七碗茶歌》里说，喝到第七碗，方才两腋习习清风生，而一聆听到禅师吹奏的乐曲，人的心已经肌骨清，通仙灵了。

尺八音色雄浑，箫的音色则是清越，两种不同的风格。禅师有十余只这样的乐器。于他，这些是乐器，也是修行的法器。作为法器的，还有他的绘画与书法。

禅师的绘画题材，以梅兰竹菊为主，尤其是梅花，更是深得金农意趣。南宋的牧溪和尚，以及后世的八大山人与石涛，都是一音禅师所追慕的。他的画高古深邃，茫远寥廓。画梅花，便是一枝梅花从画纸上倔强挺立，没有旁逸斜出的轻佻，竟是历尽数劫红尘的无言。既有中国传统文人画的雅意，又融合了禅师自己以画修心的体悟。

对书法有研究的人，则会感叹于禅师的篆书。纯净简约，却又刚柔并济。“我最近几日，对于篆书的理解较之前又有所不同，有一种近乎曲径通幽、柳暗花明的喜悦。篆书是象形文字，每次提笔研墨，都觉笔下蕴含着巨大的信息量。”

“‘精进’一词，绝非空穴来风，绘画与书法，都是可以观心，创作者观照自己的心，观看者也在观照自己的心，旨趣相投，则心心相印。”

在山里待了两个晚上、一个白天，跟着师傅在佛堂上早课晚课。晚课一般在晚上七点左右，早课一般在早上五点左右。做完早晚课，禅师撞钟。晨钟暮鼓，撞钟也是日常功课的一部分。寂静的夜晚，或者早上，远远听到隐隐钟声，是多大的福报。

不止一次，听到寺院里这样的钟声，我的眼泪就要流下来。那种混杂着“日暮苍山远”般的客愁之心，那种仿佛“涧户寂无人”般的亘古孤独，似乎在这山间杳杳的钟声里，得到了理解、震荡与共鸣。

修行很美好，对于有觉知的都市人而言，“修行”二字，更不啻是远方的诗歌和桃花源。但同时，修行也是艰辛的事情，它的艰辛在于，需要既修且行，而不是流于嘴角。通过修心，而调整自己的行为，是通常意义上的修行。调整意味着改变，人们最担心的也是改变。

诸行无常，诸漏皆空，禅师说，这样的道理，明白得越早越好。

从2014年我第一次踏足一音禅院，到今年，已经整整过去了五个年头。这五年里，每次到来，禅院也总在发生变化。见到的人不同，有些人，像禅院里的蝴蝶一样，飞过来，又飞走了，与禅师只有一些短暂的因缘。

在我的眼里，禅院的建筑物，变得比以前更加多元而丰富。新的茶室，新的佛堂，新的艺术空间，亭台轩榭，流水飞瀑，都是新的。石板路小径的两边，禅师种植了几十棵桂花树，这些也是去年种植的。

一天天，一年年，禅师用“行”来“修”自己，所有建筑的修建，都没有图纸。“所有的画面，都在我的心里。”没有施工图纸，没有专业的施工队，要在山里建造这些建筑物，难度可想而知。他亲自选择材料，木头、砖头、水泥、石头，自己设计灯光，教导工人，一点一点，一步一步，一天一天下来，凭一己之力，在深山之间，建造出了恩泽世人的禅院，如同一座海市蜃楼，或者是古巴比伦的空中花园。

很难想象他在保持大量劳作的同时，还要保持精进的心，来念佛、绘画、写字、出画册、做展览，接待如我们一般络绎

不忘初心

不绝的访客。

“从佛家的角度讲，‘我’这个词，是一个空性的存在。”他谦逊地笑，“现在我都已经不知道自己是谁了”。山东、北京、九华山，到现在的查济半山里，他也在完成着自己的蜕变。

他的能量之大，远远超乎我们的想象。如他最爱的兰草，看起来素朴，弱不禁风，香气却是轻盈持久。深谷之中，幽兰之气，最是动人。

临行前的早上，因为考虑为一音禅师做纪录片的事情，我特意没有参加早课，但是已经早早在禅院的钟声里醒来，听着窗边的绕窗溪水，想到苏东坡的那首禅诗：“溪声便是广长舌，山色岂非清净身。夜来八万四千偈，他日如何举似人。”听着水声，若有所思。

我穿过凌晨黑暗寂静的花园，沿着台阶，来到佛堂的门外。透过窗户看进去，灯光隐隐，一室暖黄。一音禅师已经在做早课了。一袭袈裟的身影，在灯光下，显得瘦削又伟岸。他连续的唱诵声，略带着沙哑，在虫鸣唧唧的山里，格外激荡人心。

微雨的凉风中，我伫立在佛堂门外，久久不忍离开……

茶情：最撩人春色是今年

不曾想，一颗少不更事的心，却被江南的一株桃花树打动。

“水是眼波横，山是眉峰聚。欲问行人去那边？眉眼盈盈处。才始送春归，又送君归去。若到江南赶上春，千万和春住。”

王观，这个被宋神宗先褒后贬的宋代词人，离开官场，在江南悠游度日，落拓于江湖，倒也落得个清静。看他的这首《卜算子·送鲍浩然之浙东》，有评论家说是有“戏谑”之气，相反，我却看到了一种难掩的深情。

你一定记得，若到江南赶上春，千万和春同住啊！那里有我的烟柳画桥，风帘翠幕，流光烟波，星眸回转，更有峰如黛眉，湖心画船，草长莺飞，荇草参差。那里也有相思一夜的梅树突然开满枝头，枝枝桠桠开到窗前，令人不由疑惑是君来啊！

古人最爱用一个词：春心。这两个字真

是妙。李商隐说："春心莫共花争发，一寸相思一寸灰。"一寸相思，一寸灰烬，委婉曲折，简直要把相思说到了骨子里。就像电影《青蛇》里，青、白二蛇初幻化人形，学人走路，步步袅娜，步步生娇，只觉酥到人的心里。

于我而言，春心，只在江南，在姑苏城外寒山寺的苏州。

若干年前的一个暑假，独自一人远行，偷偷离开那座位于黄河入海口的石油小城。对于一个从未离开过家门半步的少年来说那真是远行，坐夜间慢火车，在火车咣当咣当的声音里度过一个又漫长又寂寥的夜晚。天光微明时，迷迷糊糊睁开眼睛，看到了车窗外的南京长江大桥。江水浩荡，江面上巨轮穿梭。隔着很远，但似乎能听到轮船汽笛的鸣响。跨过了这座桥，就是真正意义上的南方了。

春寒料峭，一个单薄而瘦的少年，手里握着一张火车票，紧紧贴在带着凉意的玻璃窗上，来到了他梦想中的江南。

若干年后，他脑海中记忆犹新的画面是：一个人站在寒山寺山门外，一株花朵繁盛的桃树下，仰头看这桃花和花朵之上的天空。那个时候，他尚未读到"逃之夭夭，灼灼其华"的诗句，也不曾领略"人面不知何处去，桃花依旧笑春风"的怅惘。少年人的眼中与心中，只有着满目盛开的桃花，以及桃花之上的，属

于江南春天的天空。那天空，正是自称为桃花庵主的唐伯虎在诗里写到的“姑苏城外一茅屋，万枝桃花月满天”的天空啊！

与大多数人一样，少年那时只会背诵“月落乌啼霜满天，江枫渔火对愁眠。姑苏城外寒山寺，夜半钟声到客船”的句子。别人只是背过就背过了，当成一般的功课。他不，他真正记在了心里，偏偏要亲自来看一下这枫桥夜泊的美妙。不曾想，一颗少不更事的心，却被江南的一株桃花树打动。

又过了多少年，他再次踏访寒山寺。少年时期曾经行走过的那条街衢，似乎已经不复存在，那株桃花树似乎也已经消失在了梦里。他在苏州的其他地方看到了无数株桃花树，然而，都不是他记忆中的那一棵。那时，他早已经知晓了“春风助断肠，吹落白衣裳”的怅惘。也终究，情随事迁。

江上人家，春寒细雨。喜欢上了喝茶之后，几乎每年的春天都要来到苏州喝茶，或者是说，是喜欢上了苏州春天的感觉，来苏州喝茶，或许是一个借口罢了。那就当是寻访一位故人吧。

踩着平江路上的石板路，怎么走都走不够。尤其是游人如潮水般退去的时候，两侧的商铺、酒铺、食肆，各种小吃店、咖啡店，纷纷关门打烊，喧嚣散尽，平江路立刻安静了下来。那情景，真像欧阳修在《醉翁亭记》里写的，“游人去而禽鸟乐也”。听到了河水哗哗的流动声，这流水声，白日被叫卖声掩盖住了。也真听到了春鸟的啼叫声，听那声音，似乎是布谷鸟。难怪清代才子张潮把“春听鸟声”列为春天的第一大赏心悦事。“人闲桂花落，夜静春山空。月出惊山鸟，时鸣春涧中。”侧耳倾听，似乎真的听到王维诗里那一只唐代的鸟儿的鸣啼了。

商铺关门，街道便不再明晃晃的。但是，依然是有些许光亮的。街灯幽微的昏黄的灯光，远处高楼映照的光亮。这个时候，偏偏又下起雨来了，多应景的雨啊！春天的江南，总是多雨，尤其是在夜里。唰刷唰，唰唰唰，春雨洒落在春水初泛的河面上，洒落在唐伯虎的桃花瓣上，洒落在夜半钟声响起的寒山寺的飞角走檐上，也洒落在了异乡人脚下的青石板路上。

拿出手机，忍不住听一段昆曲，反反复复，循环播放着：“原来姹紫嫣红开遍，似这般都付与断井颓垣，良辰美景奈何天，赏心乐事谁家院。”听张继青一开口，委婉曲致，便魂魄悠悠了，情不知所起，一往而深啊！此刻，踩在这江南雨中的青石板路上，听着昆曲，只觉得前身应是姑苏客了。

路过几个深夜依旧在做小生意的摊贩，让这暂时出离人世的平江路有了几许人间烟火气息。透亮的玻璃罩内，有烧饼、豆浆、卤凤爪等寻常江南小食，再走几步，路过一个烤红薯的摊子，买了一块烤红薯，捧在手里，热气腾腾，终是人间惆怅客啊。

后记

从写作《在一杯茶中安顿身心》到这本《美从一杯茶开始》的出版，已经过去整整五年。这五年时间里，我个人的生活状态并未发生太大的变化，写作、看书、喝茶、访茶、聊茶、讲茶。我以自己力所能及的方式，传播中国文人茶文化，践行文化之道。这是我所认为的致敬前辈们最好的方式：唐代的陆羽、皎然和尚、白居易，宋代的苏东坡、杜耒、陆游、李清照，明代的唐伯虎、文徵明、祝枝山、屠隆、张岱……从绿茶到六大茶类的出现，无论中国茶的外在类别如何演变，中国茶内在的精神价值，即它的文人性，以及由此带来的美学价值与美学思考，成为中国茶文化区别于日本茶道的精神制高点与独特之处。

不读书，无以礼；不读书，无以茶。文心、诗心、茶心，心心相印，方成就了中国茶的美学高度。这是我研究中国茶文化以来最大的心得体会，而这本书中所写，是我对这一体会的日常践行。

所以，这是一本感性的饮茶之书，是一个普通中国人饮茶的美学日常。它不是表演。这些年，我受邀参加过无数场茶会，自己也曾发起过茶会。当我们出现在大众面前，我们会不自觉地表演。表演茶，表演美，表演自己。有华服、美器，以及某种矫揉造作。

中国茶的美，是它其实早已经融入了我们的美学日常而并不自知。

无论是白居易的“坐酌泠泠水，看煎瑟瑟尘”，抑或是他的“醉对数丛红芍药，渴尝一碗绿昌明”，无论是苏轼的“独携天上小团月，来试人间第二泉”，抑或是杜耒的“寒夜客来茶当酒，竹炉汤沸火初红”，都有一种真实的人间烟火气。

烟火人间一盏茶。

当我去到茶山，去到产茶区，武夷山、徽州、潮州以及其他地方，会发现，那样的一种与茶有关的美感，依旧在人们的生活里真实存在着。茶的美，与那些来源可疑莫可名状的泡茶姿势无关，与那些生搬硬套的饮茶概念无关。

它就是一种如实、如是发生的生活。

即便我们勉力称它为生活美学，也是一种禅宗里的以手指月。

近些年，在城市里，讲究地饮茶成为时髦的事情。人们为一泡茶倾倒，沉迷于各种杯杯盏盏。这当然是值得嘉许的好事儿，它就如同唐代茶生活的初兴盛，如《封氏闻见记》中记载，当时“茶道大行，王公朝士无不饮者”，以及“自邹、齐、沧、棣，渐至京邑，城市多开店铺，煎茶卖之，不问道俗，投钱取饮”。

当下可以理解为是中国茶生活的再度复兴。美，也开始被我们反复提及。

没有意外，我们将见证一个新的饮茶时代的来临。唐、宋、明之后，我们将再次见证中国茶美学的高光时刻。身为当下时代的一位爱茶人，与有荣焉。

我希望能以文字，见证中国茶文化发展的美学表达。

此外，还要感谢。年龄愈长，愈加明白一个道理，一个人可以远行，但是无法独行。或者说，即便看起来你是在独行，实际上，背后有那么多人在为你奉献，提供帮助。

十余年来，我在无数个地方，喝过无数人泡过的茶。我对这些朋友，这些茶，怀着深深的谢意。有句话说，“人走茶凉”。有时候，人还在，茶也早已经凉了。但是没有关系，一切都是经历。毕竟，凉茶也是茶。一意孤行走在茶路上的我，遇到了那么多茶缘，有的缘分深，有的缘分浅，有的缘分还在相续，有的缘分已经灰飞烟灭。

我们曾经在那个当下，喝过一杯茶，闻过茶的香，品评过它的滋味，一念即永恒，那个当下是真的，是善的，是美的。就足够了。

北京也真的是一座流动的城市，曾经美好的邻居，亲密的朋友，并肩的同事，说离开就会离开，他们换了一份工作，或者干脆去到另外的城市，上海、深圳、香港、巴黎、利物浦、芝加哥、温哥华……改变人生轨迹，开始新的生活。

没有人是一座孤岛。那些一直在的朋友，可以经常喝茶的朋友，经过时间的积淀、疫情的考验，已经变得像家人一般温暖。拥有这样的朋友，是一种心灵的慰藉，更是一种福报。

无论是在生命中惊鸿一瞥的人，还是安静的陪伴者，他们的出现，仿佛是启发或者提醒。感谢并祝福你们，愿我们能在一盏茶汤中所遇皆美，所遇皆安！

唐公子

2022 年孟春于黄河三角洲